蔬菜病虫害图谱诊断与防治丛书

瓜类蔬菜病虫害
诊断与防治原色图谱

编著者

王久兴	张慎好	阎立英	尚玉峰
轩兴栓	宋士清	冯志红	王子华
石瑞珍	吉志新	赵桂娟	贺桂欣
陈志国	赵彦彬	孙成印	齐福高
张沛莹	李洪涛	樊建民	龚俊良
高彦慧	王长青	李丽军	高文清
杨连方	王建方	贺章喜	

金盾出版社

内 容 提 要

本书通过大量数码图片,结合翔实的文字,介绍了黄瓜、南瓜、苦瓜、丝瓜、佛手瓜、西葫芦、冬瓜、西瓜、甜瓜等瓜类蔬菜侵染性病害、生理病害、虫害的诊断与防治技术。所用的数码图片清晰自然,色彩还原真实,便于读者诊断。在防治方法中着重阐述最新科研成果、菜农实践经验、新技术、新方法和新药剂,以确保防效。本书可供菜农、农技推广人员、农药经营者、农业院校师生参阅。

图书在版编目(CIP)数据

瓜类蔬菜病虫害诊断与防治原色图谱/王久兴,张慎好等编著.— 北京 :金盾出版社,2003.1(2016.2 重印)
(蔬菜病虫害图谱诊断与防治丛书)
ISBN 978-7-5082-2238-7

Ⅰ.瓜… Ⅱ.①王…②张… Ⅲ.瓜类蔬菜—病虫害防治方法—图谱 Ⅳ.S436.42-64

中国版本图书馆 CIP 数据核字(2002)第 080124 号

金盾出版社出版、总发行

北京太平路 5 号(地铁万寿路站往南)
邮政编码:100036 电话:68214039 83219215
传真:68276683 网址:www.jdcbs.cn
彩色印刷:北京凌奇印刷有限责任公司
黑白印刷:北京军迪印刷有限责任公司
装订:北京军迪印刷有限责任公司
各地新华书店经销
开本:850×1168 1/32 印张:12.5 彩页:256 字数:180 千字
2016 年 2 月第 1 版第 7 次印刷
印数:43 001~46 000 册 定价:45.00 元

(凡购买金盾出版社的图书,如有缺页、
倒页、脱页者,本社发行部负责调换)

序

　　蔬菜是我国重要的经济作物。农业生产结构调整促使蔬菜生产迅猛发展,常年种植面积已超过 1 650 万公顷,年产量达 4.6 亿吨。蔬菜生产的规模和效益已居世界前列。在我国加入 WTO 后,蔬菜生产更被普遍看成具有国际竞争优势的产业。

　　有害生物是蔬菜生产的重要限制因素,常年病虫害造成的产量损失高达 20%～30%,品质损失和市场损失更不可计量。防治失当,不合理地使用农药,还会造成蔬菜产品农药残留超标与环境污染。因而切实搞好蔬菜病虫害综合防治,贯彻"从田头到餐桌"的全程质量安全控制,便成为进一步发展蔬菜生产和提高蔬菜产品质量的中心环节。

　　根据蔬菜生产和科技成果转化的新形势,金盾出版社和部分农业院校的植保专家共同策划,编写了"蔬菜病虫害图谱诊断与防治丛书",按蔬菜种类,分为 6 册陆续出版。该"丛书"以蔬菜病虫的诊断为切入点,全面介绍蔬菜病虫的危害特点、发生规律和防治技术,实际上是一套图文并茂的小型百科全书。

　　准确迅速地诊断病虫害,是蔬菜病虫害综合防治的关键技术,也是每位菜农和蔬菜产业从业人员必须掌握的基本技能。只有在正确诊断病虫种类的前提下,才能迅速做出防治决策,采用适时对路的防治措施,收到事半功倍的效果。这套"丛书"对每一种病虫都选配了一至多幅精美、清晰的彩照,逼真地再现了病虫的特征,并配以简明准确的解说,便于读者"按图索骥",实行田间检诊。深入研读"丛书",还有助于提高读者的诊断技巧,做到出繁入简,见微知著,早期发现病虫,选择最佳防治时期而主动出击。

　　保护地栽培的大发展,实现了蔬菜周年生产,促成南菜北移、东菜西移,加之外向型农业的拓展与品种的多样化,无不使病虫种类和发生形势有了很大变化。有鉴于此，"丛书"全面而系统地收录了各类蔬菜的绝大多数病虫种类，不仅有当前生产上主要和常见的病虫，还有新发生的病虫和在新栽培环境与生产模式中有可能猖獗发生的病虫，以期更好地适应蔬菜产业化的趋势，满足读者多方面的需求。

生产无公害蔬菜，进而发展有机蔬菜，是新世纪我国蔬菜产业发展的必由之路。"丛书"以此为指导思想和努力目标，从当前蔬菜病虫害发生和防治的实际出发，吸取了最新科研成果和防治经验，收录了先进而实用的综合防治技术。

"丛书"在编写、编排和出版诸方面都充分考虑到降低成本和方便读者。由于"丛书"兼具实用技术读物和专著的特点，能满足不同职业、不同层次的读者需要，尤其适合广大菜农、蔬菜营销经管人员、农业技术人员、植物保护和植物检疫人员以及院校师生阅读利用。愿本"丛书"在推动蔬菜科技进步和发展蔬菜生产方面发挥应有的作用，并恳请各位读者提出宝贵意见，以便再版时补正。

商鸿生

2002 年 4 月 1 日

前　言

随着农村产业结构的调整,许多地区把发展蔬菜生产尤其是保护地蔬菜生产作为改变种植结构,帮助农民脱贫致富的有效手段。但由于多年连作,防治技术落后,病虫害成为蔬菜生产的最大威胁之一,很多农民不得不因此放弃种菜。笔者在乡间扶贫时,常听到在农民中很流行的一句话——"要想富,先修路;要想穷,种大棚",这让许多从事蔬菜科研和推广的人甚感凄凉。

从当前的情况看,许多菜农对蔬菜病虫害的诊断与防治技术还未能很好掌握,他们发现病虫害后,往往是手拿一本病虫害图谱图书去对号入座,但当前出版的许多此类图谱图书都存在一些共同的问题。其一,在选用病害图片时,过分强调症状的典型性,而忽略了病害的发生、发展是一个渐进的过程,病害的症状在不断变化,而且在植株的不同部位有不同的表现形式。菜农有时很难根据图谱"对号入座",而且,等到出现图谱上的典型症状时,多已错过了最佳防治时机。其二,用普通相机拍摄的照片,存在着不同程度的色彩失真问题,使读者在诊断时常常有"似是而非"的感觉。

笔者从中国农业大学研究生院毕业后,一直从事蔬菜栽培的教学、科研和推广工作,深知再好的科技成果,再好的技术,只有被农民使用,才能真正实现其价值。

为了编著好这本书,笔者深入田间观察、拍照,为本书积累了丰富的资料。在拍摄过程中,除拍摄典型症状外,尽可能地拍摄同一病害在植株不同部位、不同时期的表现,从而能大大提高诊断的准确性。使农民看了有"就是它,和我家地里的一样"的感觉。农民有许多宝贵的经验,例如,有的菜农只在温室顶部留通风口,而在温室前沿不留通风口,这样病菌不易进入温室,可有效地减轻早春病害的发生;还有的菜农在温室温度条件许可的情况下,在早晨8～9时先通一次风,使叶片表面的水膜蒸发,而后闭棚升温,中午前再进行正常通风,这样可抑制病菌的传播和繁殖,大大减轻病害。这些都是十分简单和有效的防病方法,笔者与同事一起,收集了他们的经验、体会,整理后融入本书。

本书最突出的特点是生理病害内容翔实。生理病害发生原因复杂,确诊难度大,一些有多年栽培经验的菜农虽然能对照图谱较为准确地确认一些常见的侵染性病害,但遇到生理病害时往往会感到束手无策,因为生理病害成因复杂,诊断难度大,相关资料和图谱少,而且不是能靠喷一两种化学药剂就能治愈的。针对这一问题,本书结合生产实践和科学试验,详细介绍了黄瓜常见生理病害的诊断与防治技术,其他瓜类蔬菜栽培面积相对较小,且抗性较强,生理病害也少,因此,在书中所占篇幅亦较少。

书中引用了一些同行专家的科研成果、科技论著及少量图片,在此表示感谢。由于专业水平、实践经验和试验条件所限,书中定有错误和不当之处,敬请同行专家、读者批评指正。

编著者

二〇〇二年五月

目　　录

第一部分　瓜类蔬菜病虫害诊断

第二部分　瓜类蔬菜病虫害防治

第一部分　瓜类蔬菜病虫害诊断

一、侵染性病害诊断

黄瓜猝倒病

病原菌为瓜果腐霉 [*Pythium aphanidermatum* (Eds.) Fitzp.]，属鞭毛菌亚门真菌。

【危害与诊断】猝倒病俗称"掉苗"、"卡脖子"、"小脚瘟"等，是冬春季节黄瓜育苗时经常发生的一种苗期病害。出土不久的幼苗最易发病，发病后常造成幼苗成片倒伏、死亡，重者甚至毁床(图1-1)。幼苗露出地表的胚轴基部或中部染病，呈水浸状，而后变为黄褐色，迅速扩展使病部缢缩成线状(图1-2，图1-3)，子叶来不及萎蔫，幼苗便倒折贴伏于地面(图1-4)。有时幼苗胚轴和子叶普遍腐烂，变褐枯死。苗床上最初多是零星发病，尔后形成发病中心，迅速扩展。在苗床湿度高时，病苗残体表面及附近土壤表面常长出一层白色絮状霉，此时幼苗根系生长正常，颜色不发生变化。该病菌侵染果实会引起绵腐病。

此外，该病原菌还侵染南瓜、丝瓜、苦瓜、西瓜、冬瓜、蛇瓜、佛手瓜等蔬菜，发病症状与黄瓜类似。

图1-1　用营养钵培养黄瓜苗发生猝倒病时的田间症状

1

图1-2 发生猝倒病的黄瓜幼苗茎基部缢缩

图1-3 后期病部缢缩呈线状

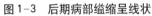

图1-4　幼苗倒伏

黄瓜幼苗腐霉根腐病

病原菌为结群腐霉(*Pythium myriotylum* Drechsler)和卷旋腐霉 (*Pythium volutum* Vanterp. et Trasc.)，均属卵菌纲。

【危害与诊断】 主要侵染根及茎部，初呈水浸状，后于茎基部或根部产生褐斑，逐渐扩大后凹陷，严重时病斑绕茎基部或根部一周，致使地上部逐渐枯萎(图1-5)。纵剖茎基部或根部，可见导管变为深褐色，发病后期根茎腐烂，不长新根，植株枯萎而死。

图1-5　发生幼苗腐霉根腐病的黄瓜幼苗

3

黄瓜霜霉病

病原菌为古巴假霜霉 [*Pseudopeonospora cubensis* (Berk. et Curt.) Rostov.]，属鞭毛菌亚门真菌。

【危害与诊断】 黄瓜霜霉病俗称"黑毛"、"火龙"、"跑马干"等，各地普遍发生，是黄瓜最常见的一种病害。苗期、成株期均可发病。苗期子叶发病，开始时出现褪绿斑，扩展后形成黄褐色不规则病斑。湿度大时其背面产生灰黑色霉层。病情严重时，子叶变黄枯萎。成株期，多先由中部叶片发病，逐渐向上、下部扩展，最后除顶部几片小叶外，整株叶片发病。叶片发病，初时出现水浸状浅绿色斑点，湿度大时叶片背面病斑的坏死处会渗出无色或浅黄色小液滴(图1-6，图1-7)。病斑很快扩展，1~2天内因扩展受叶脉限制而呈多角形，尤以早晨水浸状角状病斑最明显，中午稍为隐退。反复1~2天，水浸状病斑逐渐变为黄褐色，湿度大时病斑背面出现灰黑色霉层(图1-8，图1-9)。有的感病品种叶片表面病斑边界不明显，病斑及附近叶肉呈铁锈色，对光观察时可见明显褪绿斑(图1-10)。病重时叶片布满病斑，互相连片，致使叶缘卷曲干枯，最后叶片枯黄，卷曲成黄干叶，易破碎，致使

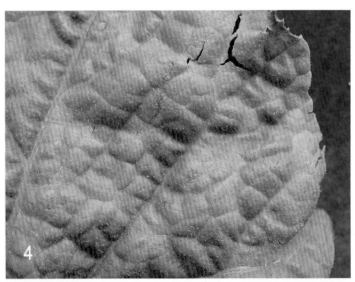

图1-6　黄瓜感病品种的霜霉病病叶

4

植株提早拉秧。覆盖地膜可减小霜霉病发生(图1-11)。

抗病品种症状与之差异较大。抗病品种发病，叶片褪绿斑扩展缓慢，病斑较小，呈多角形甚至圆形，病斑背面霉层稀疏或没有霉层(图1-12)，病势发展较慢，很少出现因病拉秧的后果。

图1-7 发病初期叶片背面病斑充水，充水斑受叶脉限制，并有无色或浅黄色小水珠渗出

图1-8 患霜霉病叶片背面症状

5

图1-9　湿度大时叶片背面病斑表面长出灰黑色霉层

图1-10　有的感病品种的叶面病斑边界不明显，但对光观察时可见明显褪绿斑

图1-11　覆盖地膜，膜下浇水，可有效地降低空气湿度，预防霜霉病发生

6

图1-12 黄瓜抗病品种的霜霉病病叶

黄瓜枯萎病

病原菌为尖镰孢菌黄瓜专化型(*Fusarisum oxysporum f. sp. cucumebrium* Owen)，属半知菌亚门真菌。

【危害与诊断】 枯萎病又叫蔓割病、萎蔫病，是世界性病害，我国各地普遍发生。特别是保护地栽培中发病更重，已成为连作种植的重要障碍。黄瓜各生育期都可感染，典型的症状是萎蔫。幼苗期发病后子叶变黄萎蔫，茎基部呈黄褐色水浸状缢缩，根毛消失，幼苗倒地死亡。成株期，多在开花结果期或根瓜采收后发生，先从地面上近根颈处的叶片开始，一部分叶片或植株一侧叶片在中午萎蔫，似缺水状，早、晚又恢复正常(图1-13)，萎蔫叶自下而上不断增加，渐及全株，一段时期后，萎蔫叶片不再恢复(图1-14)。茎基部呈水浸状，软化缢缩，逐渐干枯，常纵裂，伴有琥珀色胶状物溢出(图1-15，图1-16)。潮湿时，节和节间出现白色至粉红色霉状物，即分生孢子。最后病部干缩，表皮纵裂如麻，植株枯死(图1-17)。纵切病茎观察，可见维管束呈褐色(图1-18)。

嫁接育苗，嫁接后断基可有效预防黄瓜枯萎病发生(图1-19，图1-20)。

7

图1-13　发病初期中午下部叶片萎蔫,早晚恢复正常,而上部叶片在一天中始终不萎蔫

图1-14　随病情发展,全株叶片萎蔫,不再恢复

8

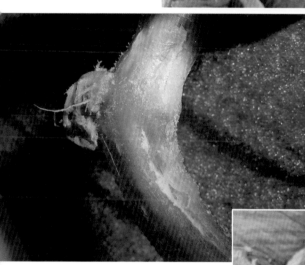

图 1-15 茎基部纵裂

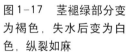

图 1-16 湿度大时茎裂口处有胶状物溢出

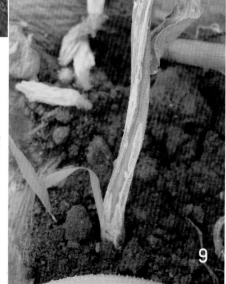

图 1-17 茎褪绿部分变为褐色，失水后变为白色，纵裂如麻

9

图1-18 纵剖可见茎
内维管束变为褐色

图1-19 嫁
接育苗是当
前预防黄瓜
枯萎病最有
效的方法

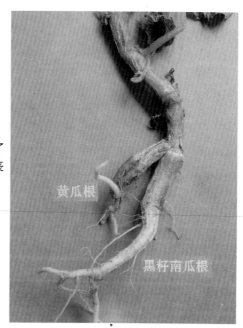

图1-20 嫁接后如果忽略了切断黄瓜根系（断基），会丧失嫁接的意义

黄瓜根

黑籽南瓜根

黄瓜白粉病

病原菌为黄瓜白粉病菌,有子囊菌亚门真菌的白粉菌属二孢白粉菌（*Erysiphe cichoracearum* DC.）和单丝壳菌属单丝壳白粉菌 [*Sphaerotheca fuliginea*（Schl.） Poll]，属专性寄生菌。

【危害与诊断】白粉病俗称"白毛",是北方棚室黄瓜和露地黄瓜常见的侵染性病害。植株任何部分都可发病,其中以叶片最严重,其次是叶柄和茎,一般不危害果实(图1-21)。发病初期,叶片正面或背面产生白色近圆形的小粉斑(图1-22至图1-25),逐渐扩大成边缘不明显的大片白粉区,布满叶面,好像撒了一层白粉(图1-26)。这些白粉就是寄生在寄主表面的菌丝、分生孢子囊或分生孢子(图1-27)。抹去白粉,可见叶面褪绿,枯黄变脆。发病严重时,叶面布满白粉,变成灰白色,直至整个叶片枯死。白粉病侵染叶柄和嫩茎后,症状与叶片上的相似,惟病斑较小、粉状物也少(图1-28)。侵染花器，导致落花(图1-29)。当气候条件不良，植株衰老时，病斑上出现散生或成堆的黑褐色小点，这是病原菌的闭囊壳，为其有性世代的繁殖器官。

此外，该病原菌还侵染南瓜、冬瓜、苦瓜、丝瓜、西瓜、蛇瓜、佛手瓜等蔬菜，发病症状与黄瓜类似。

图1-21 黄瓜白粉病田间症状

图1-22 苗期发病，叶片上出现白粉斑

图1-23 黄瓜白粉病病叶

图1-24 叶片背面的白粉病

图1-25 喷药后白粉斑消失，但在叶面相应部位留下痕迹

图 1-26　随病情发展，白粉斑连片

图 1-27　黄瓜叶片上白粉斑的局部放大

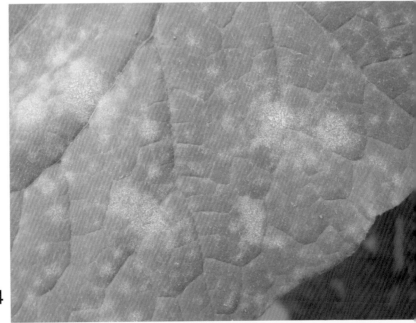

图 1-28 黄瓜茎部染病症状

图1-29 黄瓜
花器染病，导
致落花

黄瓜炭疽病

病原菌为葫芦科刺盘孢 [*Colletotrichum orbiculare* (Berk. & Mont.)]，属半知菌亚门真菌。

【危害与诊断】 炭疽病在黄瓜各生长期都可发生，以生长中、后期发病较重，贮运期间可继续发病，可危害叶片、茎和果实。黄瓜幼苗发病时，以子叶发病为主，在子叶边缘和真叶上出现半圆形或圆形病斑，稍凹陷，黄色，病斑边缘明显，病部粗糙(图1-30)。湿度大时病部产生黄色胶质物，为病菌分生孢子盘和分生孢子，严重时病部破裂。幼苗也会在下胚轴及近地面的茎上发病，病部开始褪绿，而后病部凹陷、缢缩，湿度大时产生黄色胶质物，严重时从病部折断。

成株期发病，茎部受害，在节处产生不规则黄色病斑，略凹陷，有时流胶，严重时从病部折断。叶柄上形成长圆形病斑，稍凹陷，初呈水浸状，淡黄色，以后变成深褐色。病斑环茎或叶柄一周时，病斑以上部分即枯死。

叶片受害时，初期出现水浸状小斑点，后扩大成近圆形病斑，

图1-30 苗期发病时，黄瓜幼苗子叶上出现圆形病斑

淡褐色，病斑周围有时有黄色晕圈，叶片上的病斑较多时，往往互相汇合成不规则的大斑块(图1-31)。干燥时，病斑中部易破裂穿孔，叶片干枯死亡。后期病斑上出现许多小黑点，在潮湿时有红色粘稠物溢出。

瓜条发病时，表面形成淡绿色凹陷病斑，病斑近圆形，病斑中部有黑色小点，后期在病斑表面产生粉红色粘稠物(图1-32)。在干燥情况下病斑处逐渐干裂并露出果肉。嫩瓜不易感病，病害多发生在大瓜或种瓜上。

图1-31 黄瓜
炭疽病病叶

图1-32 发病后期叶片上的病斑
破裂，果实上的病斑凹陷、连片

黄瓜灰霉病

病原菌为灰葡萄孢菌(*Botrytis cinerea* Pers.)，属半知菌亚门葡萄孢属真菌。

【危害与诊断】 黄瓜灰霉病各地普遍发生，且棚室栽培的黄瓜比露地发病重。黄瓜的花、果实、叶和茎均可受害，以果实受害最重。病菌大多从开败的雌花处开始侵染，使花瓣和蒂部呈水浸状，很快变褐、变软、萎缩、腐烂，并长出灰褐色霉层(图1-33)。病菌向幼瓜蔓延，被害瓜停止生长，病部萎缩，长满灰色粉状霉层。果实开始膨大时最易发病(图1-34)。烂花、烂瓜及发病卷须落在茎叶上引起茎叶发病。叶部病斑初为水浸状，后变成淡灰褐色，病斑呈不规则形，大小可达20～50毫米，上生少量灰色粉状霉，边缘明显，湿度大时迅速扩展成大斑，病部变黄软腐(图1-35)。茎上染病后使节部腐烂，瓜蔓折断，植株枯死，病部生灰褐色霉状物。打掉植株下部老叶可有效预防灰霉病(图1-36)。

图1-33 病菌多从幼瓜顶端雌花开始侵染，瓜顶呈水浸状，变软、萎缩、腐烂，表面密生灰色霉状物

18

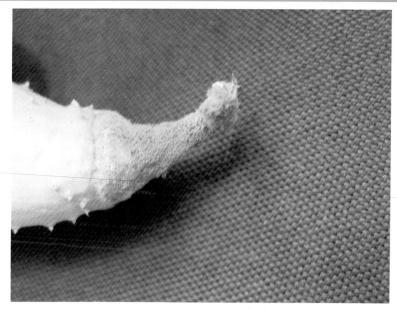

图1-34　生长中的瓜条多从顶端花瓣脱落处发病

图1-35　叶片上的病斑由叶缘或叶尖向内扩展

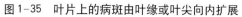

19

图1-36 打掉植株下
部老叶是防治黄瓜灰
霉病的有效手段

黄瓜病毒病

黄瓜病毒病主要有黄瓜花叶病毒病(CMV)和黄瓜绿斑花叶病毒病(CGMMV)两种。

【危害与诊断】 黄瓜花叶病毒病为系统感染,病毒可以到达除生长点以外的任何部位。苗期染病子叶变黄枯萎,幼叶呈深绿与淡绿相间的花叶状,同时发病叶片出现不同程度的皱缩、畸形。成株染病新叶呈黄绿相间的花叶状,病叶小且皱缩,叶片变厚,严重时叶片反卷(图1-37,图1-38,图1-39)。茎部节间缩短,茎畸形,严重时病株叶片枯萎,瓜条呈现深绿及浅绿相间的花斑,表面凹凸不平, 瓜条畸形(图1-40)。重病株簇生小叶,不结瓜,最后萎缩枯死。

黄瓜绿斑花叶病毒病分绿斑花叶和黄斑花叶两种类型。绿斑花叶型苗期染病,幼苗顶尖部的2~3片叶呈亮绿或暗绿色斑驳,叶片较平,产生暗绿色斑驳的病部隆起,新叶浓绿,叶片变小,引起植株矮化,叶片斑驳扭曲,呈系统性症状。瓜条染病,在瓜表

20

面出现浓绿色花斑，有的产生瘤状物，致果实畸形，影响商品价值，严重时减产25%左右。黄斑花叶病型症状与绿斑花叶型相近，但叶片上产生淡黄色星状疱斑，老叶近白色。

图1-37 黄瓜病毒病病叶之一

图1-38 黄瓜病毒病病叶之二

21

图1-39 黄
病毒病病叶之

图1-40 黄瓜
病毒病病瓜

黄瓜斑点病

病原菌为瓜灰星菌(*Phylosticta cucurbitacearum* Sace.)，属半知菌亚门真菌。

【危害与诊断】 主要危害叶片，多在开花结瓜期发生，中下部叶片易发病，上部叶片发病机会相对较少。发病初期，病斑呈水渍状，后变为淡褐色，中部颜色较淡，逐渐干枯，周围具水渍状淡绿色晕环，病斑直径1～3毫米，后期病斑中部呈薄纸状，淡黄色或灰白色，质薄(图1-41，图1-42)。棚室栽培时，多在早春定植后不久发病，湿度大时，病斑上会有少数不明显的小黑点。

图1-41 黄瓜斑点病病叶

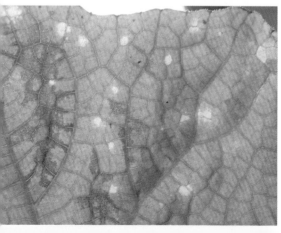

图1-42 对光观察病叶，斑点十分明显

23

黄瓜蔓枯病

病原菌为甜瓜球腔菌[*Mycosphaerella melonis* (Pass.) Chiu et Walker]，属子囊菌亚门真菌。

【危害与诊断】 棚室栽培的冬茬或冬春茬黄瓜最易发病。多在成株期发病，主要危害茎和叶片。茎发病时，发病部位多在节处，出现菱形或椭圆形病斑，上有油浸状小斑点，逐渐扩展，有时可达几厘米长(图1-43)，病部变白，有时溢出琥珀色或透明的胶质物，发病后期病部变为黄褐色，并逐渐干缩，其上散生小黑点，最后病部纵裂呈乱麻状，引起蔓枯。叶部发病，病斑初期呈半圆形或自叶片边缘向内产生"V"字形病斑，黄白色，病斑逐渐扩大，直径可达20～30毫米，偶有达到半个叶片(图1-44)。后期病斑淡褐色或黄褐色，隐约可见不明显轮纹，其上散生许多小黑点，易破碎。

图1-43　黄瓜蔓枯病茎部症状

图1-44 叶片上的病斑呈"V"字型，由叶缘向内发展

黄瓜黑星病

病原菌为瓜疮痂枝孢菌（*Cladosporium cucumerinum* Ell. et Arthur），属半知菌亚门真菌。

【危害与诊断】 黄瓜黑星病是一种世界性病害，在欧洲、北美、东南亚等地严重危害黄瓜生产。近年来，随着我国保护地生产的发展，黄瓜黑星病在我国部分地区危害严重。黄瓜黑星病在黄瓜整个生育期均可侵染发病，危害部位有叶片、茎、卷须、瓜条及生长点等，以植株幼嫩部分如嫩叶、嫩茎和幼果受害最重，而老叶和老瓜对病菌不敏感。

幼苗染病，子叶上产生黄白色圆形斑点，子叶腐烂，严重时幼苗整株腐烂。稍大幼苗刚露出的真叶烂掉，形成双头苗、多头苗。

侵染嫩叶时，起初在叶面呈现近圆形褪绿小斑点，进而扩大为2～5毫米淡黄色病斑，边缘呈星纹状，干枯后呈黄白色，后期形成边缘有黄晕的星星状孔洞（图1-45）。嫩茎染病，初为水渍状暗绿色菱形斑，后变暗色，凹陷龟裂，湿度大时病斑长出灰黑色霉层（图1-46）。生长点染病时，心叶枯萎，形成秃桩。卷须染病则变褐腐烂(图1-47)。

　　幼瓜和成瓜均可发病。起初为圆形或椭圆形褪绿小斑，病斑处溢出透明的黄褐色胶状物（俗称"冒油"），凝结成块。以后病斑逐渐扩大、凹陷，胶状物增多，堆积在病斑附近，最后脱落(图1-48)。湿度大时，病部密生黑色霉层。接近收获期，病瓜暗绿色，有凹陷疮痂斑，后期变为暗褐色。空气干燥时龟裂，病瓜一般不腐烂。幼瓜受害，病斑处组织生长受抑制，引起瓜条弯曲、畸形。

图1-45　发病叶片上出现2～5毫米淡黄色病斑，边缘呈星纹状，后期形成边缘有黄晕的星星状孔洞

图1-46　嫩茎出现水渍状暗绿色菱形斑，后变为褐色，凹陷龟裂，湿度大时病斑长出灰黑色霉层

26

图 1-47　生长点染病时，心叶枯萎，形成秃桩

图 1-48　病瓜暗绿色，有凹陷疮痂斑，后期变为暗褐色

27

黄瓜褐斑病

病原菌为瓜棒孢霉菌 [*Corynespora cassiicola* （Berk. & Curt.）Wei]，属半知菌亚门真菌。

【危害与诊断】 各地有少量发生，多在黄瓜盛瓜期开始发病，中、下部叶片先发病，向上部叶片发展。叶片发病，初期在叶面生出灰褐色小斑点，逐渐扩展成大小不等的圆形或近圆形病斑，病斑边缘不太整齐，淡褐色或褐色，多数直径8～15毫米，小的3～5毫米，大的20～25毫米(图1-49)。后期病斑中部颜色变浅，有时呈灰白色，边缘灰褐色。湿度大时病斑正、背面均生稀疏的淡灰褐色霉状物。病斑多时，或几个大型病斑相融合，叶片很快枯黄而死。发病重时，茎蔓和叶柄上也会出现椭圆形灰褐色病斑，病斑扩展较大时能引起整株枯死。

图1-49　黄瓜褐斑病病叶

黄瓜煤污病

病原菌为煤污尾孢（*Cercospora fuligena* Roldan]，属半知菌亚门真菌。

【危害与诊断】 叶片上初生灰黑色至炭黑色煤污菌菌落，分布在叶面局部或在脉附近，严重时覆盖整个叶面(图1-50至图1-55)。

图1-50 黄瓜煤污病病叶发病初期症状

图1-51 随病情发展，叶面上布满煤污菌菌落

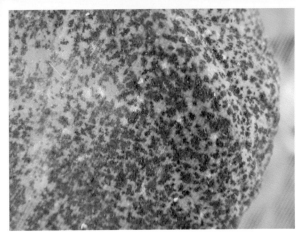

图1-52 菌落局部放大

图1-53 多数叶片的背面不被煤污菌侵染，少数叶片的背面有稀疏的菌落

图1-54 叶柄也会被感染

30

图1-55 发病中后期，染病部分的叶肉坏死，叶片穿孔

黄瓜疫病

病原菌为甜瓜疫霉菌（*Phytophthora melonis* Katsura），属鞭毛菌亚门真菌。

【危害与诊断】 黄瓜疫病发生快，条件适宜时，常令人感到猝不及防。成株及幼苗均可染病，能侵染叶片、茎蔓、果实等。幼苗染病多始于嫩尖，初呈暗绿色水浸状萎蔫，病部缢缩，病部以上干枯呈秃尖状。子叶发病时，叶片上形成褪绿斑，不规则状，湿度大时很快腐烂。茎基部发病时，病部缢缩，幼苗倒伏，常被误诊为枯萎病(图1-56，图1-57)。

成株染病，多在茎基部，初期在茎基部或一侧出现水浸状病斑，很快病部缢缩，使输导功能丧失，导致地上部迅速萎蔫，呈青枯状(图1-58)。此病在田间干旱条件下呈慢性发病症状，并且可以造成其他病菌的复合侵染，浇水后病情加重，植株很快死亡。茎节处染病，形成褪绿色不规则病斑，湿度大时迅速发展包围整个茎，病部缢缩，病部以上萎蔫。叶片染病产生圆形或不规则形水浸状大病斑，边缘不明显，扩展快，扩展到叶柄时叶片下

31

垂(图1-59)。干燥时呈青白色,湿度大时病部有白色菌丝产生(图1-60)。瓜条染病,形成水浸状暗绿色病斑,略凹陷,湿度大时,病部产生灰白色稀疏菌丝,瓜软腐,有腥臭味(图1-61)。

图1-56 定植不久的幼苗发病,茎基部腐烂、缢缩,植株倒伏

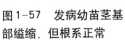

图1-57 发病幼苗茎基部缢缩,但根系正常

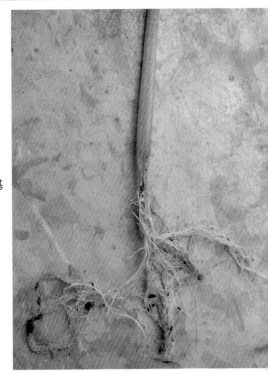

图1-58 整株青枯

图1-59 病斑扩
展到叶柄时叶片
下垂

33

图1-60 从叶缘开始发病,呈现不规则形水浸状大病斑,边缘不明显,迅速扩展,干燥时呈青白色

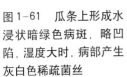

图1-61 瓜条上形成水浸状暗绿色病斑,略凹陷,湿度大时,病部产生灰白色稀疏菌丝

黄瓜细菌性角斑病

病原菌为丁香假单胞杆菌黄瓜角斑病致病型 [*Pseudomonas syringae* pv. *lachrymans* (Smith et Bryan.) Yong, Dye & Wilkie.], 属细菌。

【危害与诊断】 主要危害叶片, 也可危害果实和茎蔓。苗期至成株期均可发病。子叶被害时, 初呈水浸状近圆形凹陷斑, 后变成黄褐色斑。真叶染病后, 先出现针尖大小的淡绿色水浸状斑点, 渐呈黄褐色、淡褐色、褐色、灰白色、白色, 因受叶脉限制, 病斑呈多角形(图1-62, 图1-63)。潮湿时叶背病斑外有乳白色菌脓, 即细菌液, 干燥时呈白色薄膜状(故称白干叶)或白色粉末状, 质脆易穿孔(图1-64)。茎、叶柄、卷须染病后, 出现水浸状小点, 沿茎沟纵向扩展成短条状, 湿度大时也有菌脓, 严重者病部纵向开裂, 呈水浸状腐烂, 变褐, 干枯后表层留有白痕。果实上病斑初呈水浸状圆形小点, 扩展后为不规则的或连片的病斑, 向内扩展, 维管束附近的果肉变为褐色, 病斑溃裂, 溢出白色菌脓, 并常伴有软腐病菌侵染, 而呈黄褐色水渍状腐烂。病菌染及种子, 引起幼苗倒伏死亡。

图1-62 发病初期叶片上先出现针尖大小的淡绿色水浸状斑点, 渐呈黄褐色、淡褐黄、褐色、灰白色、白色

35

细菌性角斑病初期症状易与霜霉病和生理性充水相混淆,应慎重区别。角斑病与霜霉病的主要不同处是其病斑较小,颜色浅,后期穿孔,叶背病部水浸状明显并产生乳白色菌脓。对光观察,叶片有透光感(图1-65)。生理充水的叶背出现多角形水浸斑,这种现象主要发生在地温高、气温低、空气湿度大、通风不良、蒸腾受阻时,特别是连阴天。细胞内的水分渗流到细胞间,使叶面出现水渍状污绿色斑点或多角形斑块。太阳出来后温度升高,斑块消失,叶面不留痕迹。衰弱的植株,白天温度升高后水渍斑也不消失。

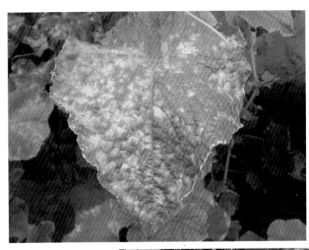

图1-63 因受叶脉限制,病斑呈多角形

图1-64 因有乳白色菌脓溢出,病斑干燥时呈白色薄膜状,质脆,后期穿孔

图1-65 对光观察，叶片上的病斑有明显的透光感

黄瓜细菌性叶枯病

病原菌为油菜黄单胞菌黄瓜致病变种，异名黄瓜细菌斑点病黄单胞菌 [*Xantpomonas campestris* pv. cucubitae（Bryan）Dye，异名X. *cucurottae*（Bryan）Dowson]，属细菌。

【危害与诊断】 主要危害叶片，也危害幼茎和叶柄。幼叶染病时症状不明显，成叶叶面出现黄化区，叶背出现水渍状小斑点，病斑扩展为圆形或近圆形，病斑处叶面凸起，变薄，白色、灰白色、黄色或黄褐色，病斑中间半透明，病斑边界不明显，具黄色晕圈，有时菌脓不明显，有时在叶片背面有白色干菌脓(图1-66，图1-67，图1-68)。幼茎染病，病茎开裂。果实染病，在果实上形成圆形灰色斑点，其中有黄色干菌脓。

37

图 1-66　黄瓜细菌性
叶枯病病叶

图 1-67　对光观察
叶片背面症状

图 1-68　叶片背面
可见干菌脓

38

黄瓜细菌性缘枯病

病原菌为边缘假单胞菌黄瓜缘枯病致病型 [*Pseudomonas marginalis* pv. *marginalis* (Brown) Stevens]，属细菌。

【危害与诊断】 黄瓜细菌性缘枯病在我国北方局部地区的保护地内发生，低温季节最易发病(图1-69)。黄瓜地上部分均可染病，多从下部叶片开始发病，在叶片边缘水孔附近产生水浸状小斑点，逐渐扩大为带有晕圈的淡褐色至灰白色不规则斑，或由叶缘向叶中间扩展的"V"字形斑，逐渐沿叶缘连接成带状枯斑(图1-70)。也有的病斑不在叶缘，而在叶片内部，呈圆形或近圆形，直径5～10毫米。病斑很少引起龟裂或穿孔，与健部交界处呈水浸状，从而与其他病害加以区别。茎、叶柄和卷须上的病斑呈褐色水浸状。瓜条多由瓜柄处侵染，形成褐色水浸状病斑，瓜条凋萎，失水后僵硬。空气湿度大时病部常溢出菌脓。

图1-69 黄瓜细菌性缘枯病田间发病症状

图1-70 在叶缘产生
带有晕圈的淡褐色至
灰白色不规则斑，并
向叶片中部扩展

黄瓜叶斑病

病原菌为瓜类尾孢 (*Cercospora clyrullina* Cooke)，属半知菌亚门真菌。

【危害与诊断】 主要发生在叶片上，病斑褐色至灰褐色，圆形、椭圆形至不规则形，直径0.5~12毫米，病斑边缘明显或不十分明显，病部表面生灰色霉层(图1-71，图1-72)。

图1-71 黄瓜叶斑
病叶片正面症状

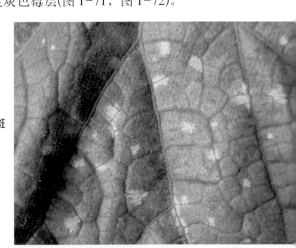

图1-72 黄瓜叶斑
病叶片背面症状

南瓜白粉病

病原菌为瓜类单丝壳菌 [*Sphaerothecacu curbitae* (Jacz.) Z. Y. Zhao]，属子囊菌亚门真菌。

【危害与诊断】 从蔬菜分类学的角度来说，南瓜包括中国南瓜（北瓜、倭瓜）、印度南瓜（笋瓜）和美洲南瓜（西葫芦），这里所说的南瓜主要指前两种。南瓜白粉病主要危害叶片，叶片发病初期正、背面产生白色近圆形小粉斑，逐渐扩大连片(图1-73，图 1-74，图 1-75)。

图1-73 南瓜白粉病病叶

41

图1-74 南瓜
白粉病病斑局
部放大

图1-75 南瓜茎
上的白粉病病斑

42

南瓜病毒病

南瓜病毒病由多种病毒侵染所致。鉴定结果为黄瓜花叶病毒、甜瓜花叶病毒（MMV）和烟草环斑病毒（TRSV）。

【危害与诊断】 多表现为花叶，初期大叶脉间叶肉变为淡绿色或黄绿色，随病情发展，花叶症状趋于严重(图1-76)。有时茎、叶柄及瓜面也出现褪绿斑块(图1-77，图1-78，图1-79)。

图1-76 南瓜病毒病的斑驳花叶

图1-77 南瓜病毒病植株

43

图1-78　南瓜（中国南瓜）病毒病病瓜

图1-79　南瓜（笋瓜）病毒病病瓜

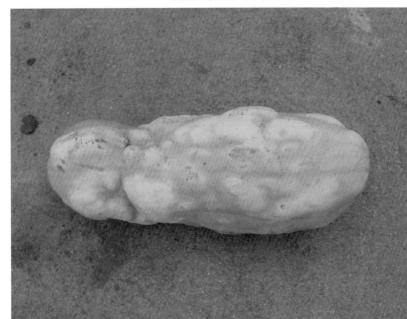

南瓜炭疽病

病原菌为瓜类炭疽菌［*Colletotrichum orbiculare*（Berk. & Mont.）Arx］，属半知菌类真菌。

【危害与诊断】 主要危害果实，尚未发现叶和茎蔓染病。果实染病主要发生在接近成熟或已成熟的果实上，初现浅绿色水渍状斑点，后变成暗褐色凹陷斑，逐渐扩大，病斑凹处龟裂，湿度大时，病斑中部产生粉红色粘质物，即病菌分生孢子盘(图1-80)。

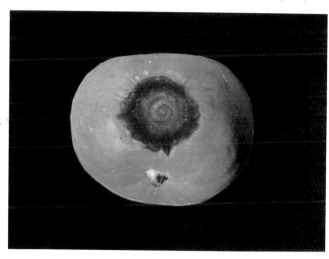

图1-80 南瓜炭疽病病瓜

南瓜蔓枯病

病原菌为甜瓜球腔菌[*Mycosphaerella melonis* (Psaa.) chiu et walk.]，属子囊菌门真菌。无性态称作瓜壳二孢(*Ascochyta cucumis* Fautr.et Roum)，属半知菌类真菌。

【危害与诊断】 主要危害茎蔓和叶片，果实也可受害。起初茎基部出现水渍状、长圆形斑点，灰褐色，边缘褐色，有时溢出琥珀色的树脂状胶质物，严重时造成蔓枯(图1-81)。叶片受害时，病斑多从叶缘开始向叶内扩展，形成圆形或"V"字形、黄褐色至黑褐色病斑，后期易溃烂(图1-82)。果实染病，轻则形成近圆形白斑，大小5~10毫米，具褐色边缘，发病重的开始时形成不规则褪绿或黄色圆斑，后变为灰色至褐色或黑色，最后病菌进入果皮引起干腐，一些腐生菌乘机侵入引起湿腐，危害整个果实(图1-83)。

图1-81　南瓜蔓枯病茎蔓症状

图1-82　南瓜蔓枯病叶片病斑

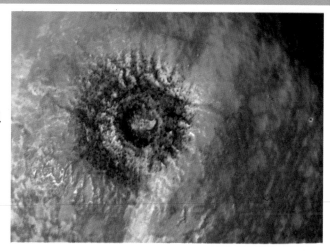

图1-83　南瓜蔓枯病病果

南瓜斑点病

病原菌为正圆叶点霉（*Phyllosticta orbicularis* Elf. et Ev.），属半知菌亚门真菌。

【危害与诊断】　主要危害叶片和花轴。叶片病斑圆形至近圆形或不规则形，边缘黑褐色，病健部交界明显，病斑中央有小黑点，严重时病斑融合，致叶片局部枯死（图1-84，图1-85）。花轴或花染病呈黑色或褐色腐烂。

图1-84　发病初期的叶片

47

图1-85 发病后期病斑连片

南瓜霜霉病

病原菌为古巴假霜霉菌 [*Pseudoperonospora cubensis* (Berk. et Curt.) Rostov]，属鞭毛菌亚门真菌。

【危害与诊断】 与黄瓜霜霉病不同，南瓜霜霉病无明显的多角形病斑，而是略微呈圆形(图1-86)。最初在叶片上出现模糊的黄色针尖状小斑点，随病情发展病斑略扩大，呈不规则形，变为黄褐色，湿度大时在叶背面生成灰白色霉层。严重时，病斑部迅速枯萎或叶缘枯萎(图1-87，图1-88，图1-89)。

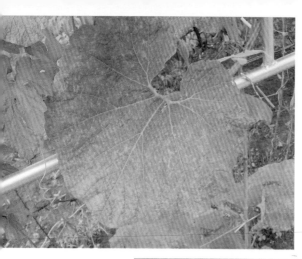

图 1-86　南瓜霜霉病病叶

图 1-87　发病初期叶片
上出现黄色小斑点

图1-88　病斑呈不规
则形，黄褐色

49

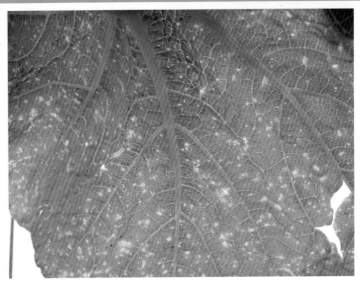

图1-89　叶面病斑
较模糊时，对光观
察，可见病斑褪绿
边界清晰，有透光感

南瓜黑星病

　　病原菌为疮痂枝孢霉(*Cladosporium cucumerinum* Ell.et Arthur)，属半知菌亚门真菌。

　　【危害与诊断】幼苗染病，子叶上产生黄白色近圆形病斑，扩展后导致全叶干枯。叶片染病，初为污绿色近圆形斑点，穿孔后，孔的边缘不整齐，且略皱缩，具有黄晕。嫩茎染病，呈现水浸状暗绿色梭形斑，而后颜色变暗，凹陷龟裂，湿度大时病斑上长出灰黑色霉层(图1-90)。生长点染病，经几天烂掉形成突桩。瓜蔓被害，病部中间凹陷，形成疮痂状病斑，表面生灰黑色霉层。果实染病，发病初期流胶，逐渐扩大为暗绿色凹陷斑，表面长出灰黑色霉层，病部停止生长，形成畸形瓜。

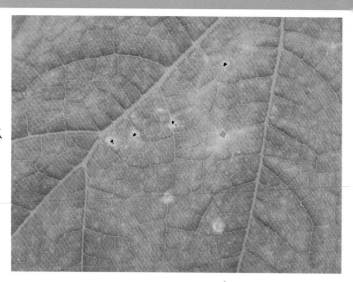

图 1-90 南瓜
黑星病病叶

南瓜疫病

病原菌为辣椒疫霉（*Phytophthora capsisci* Leonian），属卵菌。

【危害与诊断】 南瓜茎、叶、果均可染病。茎蔓部染病，病部凹陷，呈水浸状，变细、变软，致病部以上枯死，病部产生白

图 1-91 茎蔓染病，病部凹陷，
变细变软，病部产生白色霉层，病
部以上枯死

色霉层(图1-91)。叶片染病，初生圆形暗色水渍状斑，软腐、下垂、干燥时呈灰褐色，易脆裂。果实染病，初生大小1厘米左右凹陷水渍状暗色至暗绿色斑，后迅速扩展，并在病部生出白色霉状物(图1-92)，菌丝层排列紧密，经2~3天或更多天后果实软腐，在成熟果实表面上有的产生蜡质物，生产上果实底部虫伤处最易染病，影响商品价值。

图1-92　果实染病，呈现凹陷水渍状暗绿色斑，病部产生白色霉状物

西葫芦灰霉病

病原菌为灰葡萄孢菌(*Botrytis cinerea* Pers.)，属半知菌亚门葡萄孢属真菌。

【危害与诊断】　西葫芦灰霉病可危害叶、茎、花、果各个部位。受害部位呈水浸状软腐、萎缩，表面生有灰色或灰绿色霉层，有时还出现黑色菌核(图1-93，图1-94)。

52

图1-93　西葫芦灰霉病病叶

图1-94　西葫芦灰霉病病瓜

西葫芦病毒病

西葫芦病毒病由黄瓜花叶病毒和甜瓜花叶病毒等多种病毒单独或复合侵染所致。

【危害与诊断】 西葫芦病毒病也称花叶病，是西葫芦主要病害之一。幼苗和成株均会发病，症状主要表现在叶片和果实上。发病植株叶片主要表现系统花叶，有的叶片上出现黄绿色斑点，随之整个叶片变成花叶(图1-95)，有时叶面上出现深绿色泡斑，重病株叶片畸形呈鸡爪状。有时植株新叶呈明脉状，继而出现褪绿斑，后期病株矮化(图1-96)。病株结瓜少或不结瓜，瓜面有瘤状突起，导致果实畸形(图1-97，图1-98)。

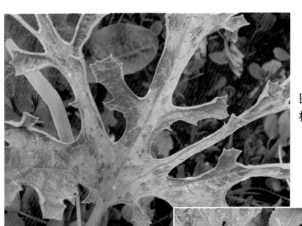

图1-95　病叶为黄绿相间的斑驳花叶

图1-96　病株矮化，开展度变小，叶片畸形，呈鸡爪状

图1-97　感染病毒病的金皮西葫芦果实表面着色不均，出现与本品种特征不符的绿斑

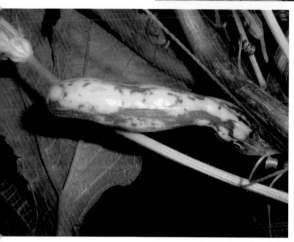

图1-98　发病严重时，绿斑较大，果面凹凸不平

西葫芦白粉病

　　病原菌为瓜类单丝壳菌 [*Sphaerotheca cucurbitae* (Jacz.) Z. Y. Zhao]，属子囊菌亚门真菌。

　　【危害与诊断】西葫芦白粉病危害叶片、叶柄和茎(图1-99)。病叶上有圆形小粉斑，逐渐连片布满全叶(图1-100，图1-101)，以后粉斑老化呈灰色，并出现黑褐色小点。叶柄和茎染病后也产

55

生白粉斑，并不断扩展连片，后期变成灰色斑，散生小黑点。注意，有的品种叶片上本身具有特殊的"银斑"，不是病，不要将其误诊为白粉病(图 1-102)。

图1-99　西葫芦白粉病田间症状

图1-100　发病初期叶片上出现白色粉斑

图1-101　白色粉斑扩大连片，覆盖整个叶片，严重影响叶片光合作用

图1-102　有的品种的叶片上有"银斑"，这是由品种特性决定的，不要误诊为白粉病

西葫芦细菌性叶枯病

病原菌为油菜黄单胞菌黄瓜叶斑病致病变种[*Xanthomonas campestris* pv.Cucurbitae (Bryan Dye]。

【危害与诊断】 主要危害叶片，有时也危害叶柄和幼茎。幼叶染病，病斑出现在叶面，形成黄化区，但不很明显，叶片背面

57

出现水渍状小点，而后病斑变为黄色至黄褐色，圆形或近圆形，大小1～2毫米，病斑中间半透明，病斑四周具黄色晕圈，菌脓不明显或很少，有时侵染叶缘，导致部分叶肉坏死(图1-103)。苗期生长点染病，可造成幼苗死亡，扩展速度快。幼茎染病，茎基部有时开裂。棚室经常可见该病发生，但危害不重。

图1-103　西葫芦
细菌性叶枯病病叶

飞碟瓜白粉病

　　病原菌为瓜类单丝壳菌 [*Sphaerotheca cucurbitae* (Jacz.) Z.Y.Zhao]，属子囊菌亚门真菌。

【危害与诊断】　病叶上有圆形小粉斑，逐渐连片布满全叶(图1-104)。叶柄和茎染病后也产生白粉斑，并不断扩展连片。

图1-104　飞碟
瓜白粉病病叶

58

飞碟瓜病毒病

飞碟瓜病毒病由黄瓜花叶病毒和甜瓜花叶病毒等多种病毒单独或复合侵染所致。

【危害与诊断】 新生叶片严重皱缩, 呈鸡爪状, 叶色变浅(图1-105)。

图1-105 感染病毒病的飞碟瓜植株顶部叶片皱缩, 呈鸡爪状

飞碟瓜灰霉病

病原菌为灰葡萄孢菌(*Botrytis cinerea* Pers.), 属半知菌亚门真菌。

【危害与诊断】 危害叶、茎、花、果等部位。受害部位呈水浸状软腐, 萎缩, 表面生有灰色、灰黑色或灰绿色霉层(图1-106, 图1-107)。

图1-106 从果实顶部残余花瓣处开始侵染

图1-107 发病后期，整个果实软腐，萎缩，表面生有灰色、灰黑色或灰绿色霉层

60

丝瓜病毒病

病原为西瓜花叶病毒。

【危害与诊断】 嫩叶表面呈深绿与浅绿相间的斑驳花叶，并间杂有黄绿色小斑，叶脉扭曲致使叶片畸形。发病严重时病叶变硬发脆，叶缘缺刻加深，呈黄绿相间花叶，后期产生枯死斑(图1-108)。病瓜扭曲，呈螺旋状畸形，或细小扭曲，瓜面有褪绿斑块，瓜肉有硬块，无食用价值。

图1-108　丝瓜病毒病病叶

丝瓜细菌性角斑病

病原菌为丁香假单胞杆菌黄瓜角斑病致病变种 [*Pseudomonas syringae* pv.*Lachrymans* (Smith et Bryan.) Yong，Dye & Wilkie]，属细菌。

【危害与诊断】 主要发生在叶、叶柄、茎、卷须及果实上。叶片染病初生透明状小斑点，扩大后形成具黄色晕圈的灰褐色斑，中央变褐或呈灰白色穿孔破裂，湿度大时病部产生乳白色细菌溢脓(图1-109)。茎和果实染病，初呈水浸状，后期也会溢出白色菌脓，干燥时变为灰白色，常形成溃疡。

图1-109 丝瓜细
菌性角斑病病叶

丝瓜霜霉病

病原菌为古巴假霜霉菌，与黄瓜霜霉病菌同属一种，均属鞭
毛菌亚门真菌。

【危害与诊断】主要危害叶片。先在叶正面现出不规则形褪绿
斑，后扩大为多角形黄褐色病斑，湿度大时病斑背面长出紫黑色霉
层，即病菌孢囊梗及孢子囊，后期病斑连片，致整叶枯死(图1-110)。

图1-110 丝瓜
霜霉病病叶

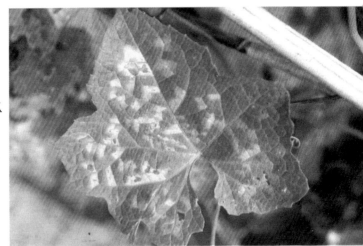

丝瓜白斑病

病原菌为瓜类尾孢 (Cercospora citurllina Cooke),属半知菌亚门真菌。

【危害与诊断】 丝瓜白斑病又称白星病、叶斑病。叶片染病后生湿润斑点,初期为白色,而后逐渐扩展为黄白色至灰白色或黄褐色,大小 1~7 毫米,边缘紫色至深褐色(图 1-111)。叶斑圆形至不规则形,严重时全叶变黄枯死。

图 1-111 丝瓜白斑病病叶

丝瓜轮纹斑病

病原菌为蒂腐色二孢或蒂腐亮色单隔孢(*Diplodia natalensis* Pole - Evans),属半知菌类真菌。

【危害与诊断】 主要危害叶片,病部初为水渍状褐色斑,边缘呈波纹状,若干个波纹形成同心轮纹,病斑四周褪绿或出现黄色区,湿度大时表面出现污灰色菌丝,后变为橄榄色,有时病斑上可见黑色小粒点,即病菌分生孢子器(图 1-112)。

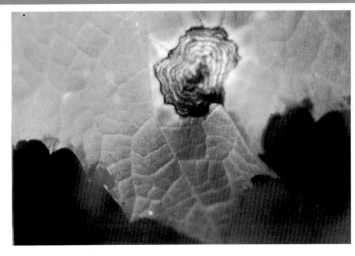

图1-112 丝
瓜轮纹斑病叶

西瓜斑点病

病原菌为瓜类尾孢，属半知菌亚门真菌。

【危害与诊断】 又称西瓜叶斑病，多在西瓜生长中、后期发生，主要危害叶片。叶斑直径1~7毫米，圆形或近圆形，褐色，有黄晕，微具轮纹(图1-113)。

此外，该病原菌还侵染冬瓜和节瓜。

图1-113 西瓜斑点病病
叶上产生圆形或近圆形小
型病斑，褐色，有黄晕

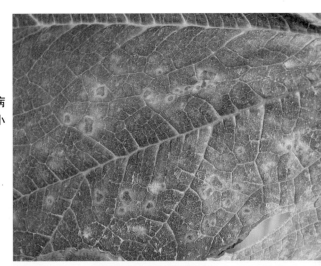

西瓜病毒病

西瓜病毒病主要由黄瓜绿斑花叶病毒所致。

【危害与诊断】 主要表现为花叶型，从顶部叶片开始出现浓、淡相间的绿色斑驳，病叶细窄、皱缩(图1-114，图1-115，图1-116)。植株矮小、萎缩，花器发育不良，不易坐瓜，即使结瓜，瓜也很小。

图1-114　发病初期叶片上出现边界不明显的褪绿斑

图1-115　发病中期，叶片变为明显的斑驳花叶

65

图1-116 发病后期,整个叶片黄化

西瓜蔓枯病

病原菌为甜瓜球腔菌,属子囊菌亚门真菌。

【危害与诊断】 主要侵染茎蔓,也侵染叶片和果实。茎基部发病时,首先节部呈油浸状,生成胶状物,微凹陷。不久变为灰白色,出现裂痕,胶状物干燥变为赤褐色,病斑上出现无数个针

图1-117 节部呈油质状,生成胶状物,胶状物干燥变成赤褐色

66

头大小的黑粒（分生孢子器）(图 1-117)。湿度大时，茎的节与节之间和叶柄及果梗上也出现油浸状褐色病斑，椭圆形至不规则形，并伴有裂痕，病斑上形成无数小黑粒，叶柄常从病斑部位折断，叶片枯死。在叶片上主要危害叶缘、叶柄及叶脉，形成圆形或椭圆形淡褐色至灰褐色大型病斑(图 1-118)，病斑干燥易破裂，病斑上形成无数小黑粒。果实染病，初产生水渍状病斑，后中央变为褐色枯死斑，呈星状开裂，内部木栓化，病斑上形成小黑粒。

图1-118　叶片上形成圆形或椭圆形淡褐色至灰褐色大型病斑

西瓜枯萎病

病原菌为西瓜尖镰孢菌[*Fusarium oxysporum* f. sp. *niveum* (E.F.Smith) Snyder et Hansen]，属半知菌亚门真菌。

【危害与诊断】　幼苗发病时呈立枯状(图 1-119)。定植后，下部叶片枯萎，接着整株叶片全部枯死。茎基部缢缩，出现褐色病斑，有时病部流出琥珀色胶状物，其上生有白色霉层和淡红色粘质物（分生孢子)(图 1-120)。茎的维管束褐变，有时出现纵向裂痕(图 1-121)。根部褐变，与茎部一同腐烂。

图1-119 西瓜枯萎病田间症状

图1-120 病株茎基部变为褐色

图1-121 病茎维管束变为褐色

68

西瓜炭疽病

病原菌为葫芦科刺盘孢，属半知菌亚门真菌。

【危害与诊断】 苗期至成株期均可发病,叶片和瓜蔓受害重。苗期子叶边缘现出圆形或半圆形褐色或黑褐色病斑(图1-122),外围常具一黄褐色晕圈,其上长有黑色小粒点或淡红色粘稠物。近地表的茎基部变成黑褐色,且收缩变细致幼苗猝倒。叶柄或瓜蔓染病,初期出现水浸状淡黄色圆形斑点,稍凹陷,后变为黑色,病斑环绕茎蔓一周后全株枯死。真叶染病,初为圆形至纺锤形或不规则形水浸状斑点,有时现出轮纹,干燥时病斑易破碎穿孔,潮湿时,叶面生出粉红色粘稠物。成熟果实染病病斑多发生在暗绿色条纹上,在具条纹果实的淡色部位不发生或轻微发生,果实染病初呈水浸状凹陷褐色病斑,凹陷处常龟裂,湿度大时病斑中部产生粉红色粘稠物,严重者病斑连片腐烂(图1-123,图1-124)。未成熟西瓜染病呈水渍状淡绿色圆形病斑,致幼瓜畸形或脱落。

图1-122 叶片上
现具有轮纹的
形或近圆形褐
色病斑

图1-123 果实表面
出现褐色凹陷病斑,
凹陷处龟裂

图1-124 发病初期果
实上病斑局部放大

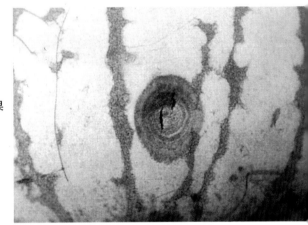

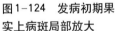

西瓜疫病

病原菌为甜瓜疫霉，属鞭毛菌亚门真菌。

【危害及诊断】 幼苗、成株均可发病,危害叶、茎及果实。子叶染病时,先出现水浸状暗绿色圆形斑,中央逐渐变成红褐色,茎基部近地面处缢缩或枯死。真叶染病,初生暗绿色水浸状圆形或不规则形病斑,迅速扩展,湿度大时,腐烂或像开水烫过,干后为淡褐色,易破碎。茎基部染病,呈现纺锤形水浸状暗绿色凹陷斑,包围茎部且腐烂,基部以上全部枯死。果实染病,则形成暗绿色圆形水浸状凹陷斑，后迅速扩及全果，致果实腐烂，发出青贮饲料的气味，病部表面密生白色菌丝，病健部分界不明显(图1-125)。

图1-125 果实表面出现暗绿色圆形水浸状凹陷斑，果实腐烂，病部表面密生白色菌丝

甜瓜白粉病

病原菌为甜瓜白粉病菌，有子囊菌亚门真菌的白粉菌属二孢白粉菌和单丝壳菌属单丝壳白粉菌，属专性寄生菌。

【危害与诊断】 甜瓜白粉病是生产上最易发生的病害之一，易造成早期枯叶，对甜瓜的产量和品质影响较大，发病初期叶面产生圆形白粉斑，不久发展到叶片正、背面和茎蔓上，霉层愈来愈厚，最后叶片变黄干枯，有时病斑上产生小黑点(图1-126)。

图1-126 甜瓜白粉病病叶

71

甜瓜斑点病

病原菌为瓜类尾孢，属半知菌亚门真菌。

【危害与诊断】 主要危害叶片，多在开花结瓜期发病。叶片正、背面初生褪绿、黄色小斑点，后扩大为近圆形或不规则形小病斑，直径为0.5~5毫米，边缘深褐色，中部灰白色，微具轮纹，周围有黄色晕环，后期病斑中心常穿孔(图1-127)。

图1-127　甜瓜斑点病病叶

甜瓜叶枯病

病原菌为瓜链格孢 [*Alternariacu cumerina* (Ell. et Ev.) Elliott]，属半知菌亚门真菌。

【危害与诊断】 病菌主要危害叶片。真叶染病初见褐色小点，后病斑逐渐扩大，轮纹不明显，但病健部边界明显，病斑边缘呈水渍状，发病后期几个病斑汇合成大斑，致叶片干枯(图1-128至图1-131)。果实染病的症状与叶片类似，病菌可侵入果肉，导致果实腐烂。

图 1-128 发病初期，叶片上出现褐色小点，逐渐扩大

图 1-129 病斑轮纹不明显，但病健部边界明显，边缘呈水渍状

图 1-130 发病后期病斑汇合成大斑

图1-131 叶片干枯

甜瓜霜霉病

病原菌为古巴假霜霉菌，属鞭毛菌亚门真菌。

【危害与诊断】 甜瓜霜霉病主要危害叶片。苗期染病，子叶上产生水渍状小斑点，后扩展成浅褐色病斑，湿度大时叶背面长出灰紫色霉层。成株染病，叶面上产生浅黄色病斑，沿叶脉扩展呈多角形，清晨叶面上有结露或吐水时，病斑呈水浸状，后期病斑变成浅褐色或黄褐色多角形斑(图1-132)。在连续降雨条件下，病斑迅速扩展或融合成大斑块，致叶片上卷或干枯，下部叶片全部干枯，有时仅剩下生长点附近几片绿叶。果实发育期进入雨季病势扩展迅速，减产30%~50%。

图1-132 甜瓜霜霉病病叶

甜瓜蔓枯病

病原菌为甜瓜球腔菌，属子囊菌门真菌。

【危害与诊断】 主要危害主蔓和侧蔓(图1-133)。初期，在蔓节部出现浅黄绿色油渍状斑，病部常分泌赤褐色胶状物，而后变成黑褐色块状物，叶片上出现"V"字形褐色病斑(图1-134)。后期病斑干枯、凹陷，表面呈苍白色，易碎烂，其上生出黑色小粒点，即病菌的分生孢子器(图1-135)。瓜蔓显症3～4天后，病斑即环茎一周，7天后产生分生孢子器，严重的14天后病株即枯死。果实染病，主要发生在靠近地面处，病斑圆形，大小1.5～2厘米，

图1-133 甜瓜蔓枯病田间症状

图1-134 叶片上出现"V"字形褐色病斑

75

初亦呈油渍状，浅褐色略下陷，后变为苍白色，斑上生有很多小黑点，同时出现不规则圆形龟裂，湿度大时，病斑不断扩大并腐烂，菌丝深入到果肉内，果面现白色绒状菌丝层，数天后产生黑色小粒点。

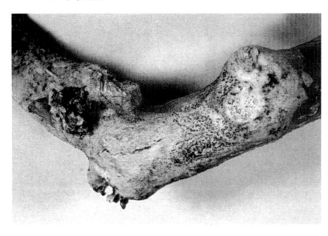

图1-135　茎蔓上病斑凹陷，表面呈苍白色，其上生出黑色小粒点

甜瓜黑斑病

病原菌为链格孢 [*Alternaria alternata* (Fr.) Keissl]，属半知菌类真菌。

【危害与诊断】 甜瓜黑斑病主要发生在甜瓜生长中、后期，危害叶片、茎蔓和果实。下部老叶先发病，叶斑近圆形，褐色，具不明显轮纹。果实染病多发生在日灼或其他病斑上，布满一层黑色霉状物，形成果腐(图1-136)。

图1-136　甜瓜黑斑病病瓜

甜瓜细菌性叶枯病

病原菌为油菜黄单胞菌黄瓜叶斑病致病型，属细菌。

【危害与诊断】 为细菌性病害，主要危害叶片。发病初期，叶片上呈现水浸状褪绿斑，逐渐扩大呈近圆形或多角形，直径1～2毫米，周围具褪绿晕圈，病叶背面不易见到菌脓，从而与细菌性角斑病相区别(图1-137，图1-138，图1-139)。

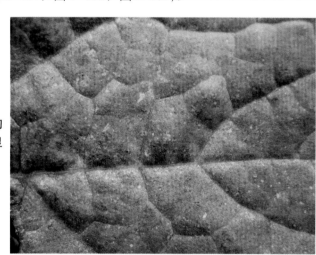

图1-137 发病初期叶面病斑不明显

图1-138 叶片背面呈现褪绿小斑，稍凹陷

图1-139 对光观察,病斑
明显,近圆形或多角形,周
围有褪绿晕圈

甜瓜黑根霉软腐病

病原菌为葡枝根霉(黑根霉)[*Rhizopus stolonifer* (Ehrenb. et Fr.) Vuill.],属接合菌门真菌。

【危害与诊断】 主要危害果实。甜瓜染病后,患病组织呈水渍状软化,病部变为褐色,长出灰白色毛状物,上有黑色小粒,即病菌的菌丝体和孢囊梗(图1-140)。

图1-140 甜瓜黑
根霉软腐病病果

甜瓜镰刀菌果腐病

病原菌为粉红镰孢(*Fusarium roseum* Link)，属半知菌亚门真菌。

【危害与诊断】 主要危害成熟果实。初生褐色至深褐色水浸状斑(图1-141)，大小1.5～3厘米，深约1厘米，病情扩展后，果实内部开始腐烂，病组织白色或玫瑰色，湿度大或贮运中，病部长出白色至粉色霉，即病原菌分生孢子梗和分生孢子。

图1-141 甜瓜镰刀菌果腐病病果

苦瓜斑点病

病原菌为正圆叶点霉，属半知菌亚门真菌。

【危害与诊断】 主要危害叶片，发病初期叶片上出现近圆形褐色小斑，后扩大为椭圆形至不规则形，颜色亦转呈灰褐色至灰白色，严重时病斑汇合，导致叶片局部干枯(图1-142，图1-143)。潮湿时病斑容易破裂或穿孔。

图1-142　苦瓜斑点病叶片正面症状

图1-143　苦瓜斑点病叶片背面症状

苦瓜病毒病

病原为黄瓜花叶病毒和西瓜花叶病毒（WMV）单独侵染或复合侵染。

【危害与诊断】 全株受害，尤以顶部幼嫩茎蔓症状明显。早期感病株叶片变小、皱缩，节间缩短，全株明显矮化，不结瓜或结瓜少。中期至后期染病，中上部叶片皱缩，叶色浓淡不均(图1-144)，幼嫩蔓梢畸形，生长受阻，瓜小或扭曲。发病株率高的田块，产量锐减甚至绝收。

图1-144　苦瓜病毒病病叶

苦瓜立枯病

病原菌为立枯丝核菌AG-4菌丝融合群 (*Rhizoctonia solani* Kuhn AG-4)，属半知菌类真菌。

【危害与诊断】 苦瓜立枯病在北方早春育苗时易发生，主要危害幼苗茎基部或地下根部。发病初期，在茎基部出现椭圆形或不规则形暗褐色病斑，逐渐向里凹陷，边缘较为明显，扩展后绕茎一周，致茎部萎缩干枯、瓜苗死亡，但不折倒(图1-145)。根部染病多在近地表根茎处，皮层变为褐色或腐烂。在苗床内，开始时仅个别瓜苗白天萎蔫，夜间恢复，经数日反复后，病株萎蔫枯死，早期与猝倒病不易区别。但病情扩展后，病株不猝倒，病部具轮纹或不十分明显的淡褐色蛛丝状霉，即病菌的菌丝体或菌核，且病程进展慢，有别于猝倒病。

图1-145 苦瓜立枯病幼苗

苦瓜蔓枯病

病原菌为小双胞腔菌 [*Didymella bryoniae* (Auersw.) Rehm.]，属子囊菌门真菌。

【危害与诊断】 主要危害叶片、茎和果实，以茎受害最重。叶片染病，初期呈现褐色圆形病斑，中间多为灰褐色，后期病部生出黑色小粒点。茎蔓染病，病斑初为椭圆形或菱形，扩展后为不规则形，灰褐色，边缘褐色，湿度大或病情严重的常溢出胶质物，引起蔓枯，致全株枯死(图1-146)。病部也生黑色小粒点，即病原菌的分生孢子器或假囊壳。果实染病，初生水渍状小圆点，逐渐变为黄褐色凹陷斑,病部亦生小黑粒点,后期病瓜组织易变糟破碎(图1-147)。有别于苦瓜炭疽病。

图1-146 苦瓜蔓枯病茎蔓症状

图1-147 苦瓜蔓枯病果实症状

佛手瓜叶斑病

病原菌为正圆叶点霉，属半知菌亚门真菌。

【危害与诊断】 只危害叶片。初期在叶面上形成水渍状小斑点，后扩展成近圆形或不规则形病斑，病斑灰白色，中央散生肉眼看不清的褐色小点。发病重时，病斑融合连片，造成叶片早枯早落(图1-148)。

图1-148 佛手瓜叶斑病病叶

冬瓜炭疽病

病原菌为称瓜类刺盘孢，属半知菌亚门真菌。

【危害与诊断】 病菌可危害子叶、真叶、叶柄、主蔓、果实等部位，以果实症状最明显。果实染病，多在顶部，病斑初呈水浸状小点，后逐渐扩大，呈现圆形褐色凹陷斑，湿度大时，病斑中部长出粉红色粒状物，即分生孢子盘及分生孢子，病斑连片致皮下果肉变褐，严重时腐烂。叶片染病，病斑圆形，大小差异较大，直径3～30毫米，一般8～10毫米，褐色或红褐色，周围有黄色晕圈，中央色淡，病斑多时，叶片干枯(图1-149)。

图1-149　冬瓜炭疽病病叶

冬瓜叶斑病

病原菌为黄瓜壳二孢 (*Ascochyta cucumis* Fautr. et Roum.)，属半知菌类真菌。

【危害与诊断】 主要危害叶片。病斑圆形或近圆形，深褐色，大达10毫米以上，斑上微具轮纹，生长后期病斑上生出黑色小粒点，即病菌分生孢子器(图1-150)。

85

图1-150 冬瓜
叶斑病病叶

冬瓜灰斑病

病原菌为瓜类尾孢，属半知菌类真菌。

【危害与诊断】 叶上初生褪绿黄斑，长圆形至不规则形，后期病斑融合连片，病斑浅褐色至褐色，老病斑中央灰色，边缘褐色，大小1~2毫米，有时生出灰色毛状物，即病原菌分生孢子梗和分生孢子(图1-151)。

图1-151 冬瓜
灰斑病病叶

蛇瓜病毒病

蛇瓜病毒病可由多种病毒侵染引起,以黄瓜花叶病毒侵染为主。

【危害与诊断】蛇瓜病毒病是生产中发生较普遍的重要病害。苗期、成株期均可发病,以成株期发病为重,病株叶片,尤其是顶部叶片,表现出浓淡不匀的小型斑驳花叶,严重时伴随有轻微的疱斑花叶,叶片变小而稍显畸形(图1-152)。果实发病,扭曲,近果柄处微现花斑。

图1-152 蛇瓜叶片上出现
浓淡不匀的小型花叶斑驳

87

蛇瓜叶斑病

病原菌为瓜灰星菌(*Phyllosticta cucurbitacearum* Sacc.)，属半知菌亚门真菌。

【危害与诊断】 主要危害叶片。叶片发病，初期出现水浸状褐色斑点，后逐渐扩展成大小不等的灰褐色至淡褐色圆形病斑(图1-153)。严重时病斑联合成片，致使叶片局部干枯(图1-154)。后期病斑表面微现小黑点，病斑表面易破裂或穿孔。

图1-153　叶片上出现大小不等的灰褐色至淡褐色圆形病斑

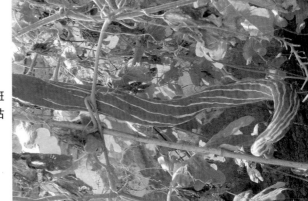

图1-154　病斑连片，叶片干枯

葫芦白粉病

病原菌为单丝壳白粉菌[*Sphaerotheca fuliginea* (Schlecht) Pol1.]，属子囊菌亚门真菌。

【危害与诊断】 主要危害叶片。初时在叶片的正面或背面长出小圆形白粉状霉斑，逐渐扩大，厚密，不久连成一片。发病后期整个叶片布满白粉，后变为灰白色，最后整个叶片黄褐色干枯(图1-155)。在生长晚期，有时病部产生黄褐色、后变黑色的小粒点。

图1-155 葫芦白粉病病叶

葫芦病毒病

葫芦病毒病可由多种病毒侵染引起，以黄瓜花叶病毒侵染为主。

【危害与诊断】 病株上部叶片出现黄绿色斑点，随之整个叶片呈花叶，植株矮化(图1-156)。

图1-156　葫芦病毒病病叶

葫芦褐斑病

病原菌为瓜类尾孢，属半知菌类真菌。

【危害与诊断】　主要危害叶片。在叶片上形成较大的黄褐色至棕黄褐色病斑，大小11～22毫米，形状不规则(图1-157，图1-158)。病斑周围水浸状，后褪绿变薄或现出浅黄色至黄色晕环，严重的病斑融合成片，最后破裂或大片干枯。葫芦褐斑病发生于植株生育后期，叶片病斑边缘不明晰，从而区别于其他叶斑病。后期病斑穿孔或融合为大块枯斑，致叶片干枯或脱落(图1-159)。

图 1-157 葫芦褐斑病病叶

图 1-158 病斑局部放大

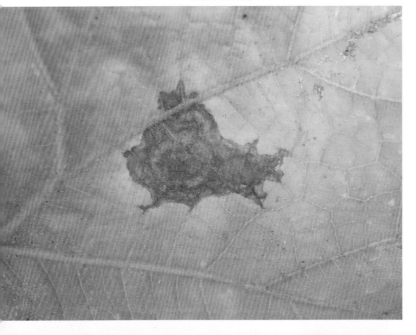

图1-159　葫芦褐斑病田间症状

葫芦立枯病

病原菌为丝核菌(*Rhizoctonia solani* Kuhn)，属半知菌类真菌。

【危害与诊断】　主要侵染幼苗根尖及茎基部的皮层，有些植株子叶凋萎，拔出病苗可见茎基部生有黄褐色水渍状凹陷斑，有的逐渐扩展，环绕茎一周，呈蜂腰状(图1-160，图1-161)。严重的全株萎蔫或倒伏。染病幼苗长成的植株矮小，坐果少。

图 1-160　幼苗茎基部病斑黄褐色，水渍状，环绕茎一周后，茎萎缩

图 1-161　感染立枯病的葫芦幼苗

二、生理病害诊断

黄瓜幼苗戴帽出土

【危害与诊断】 黄瓜幼苗出土后子叶上的种皮不脱落,俗称戴帽(或带帽)(图2-1)。戴帽苗的子叶被种皮夹住不能张开,直接影响子叶的光合作用,也易损坏子叶,造成幼苗生长不良或形成弱苗(图2-2,图2-3,图2-4)。

图2-1 戴帽出土的黄瓜幼苗

图2-2 真叶被包裹在两片子叶之间,展开困难

图2-3　由于戴帽出土影响了光合作用，光合产物积累少，胚轴伸长，头重脚轻，幼苗容易倒伏

图2-4　摘帽的幼苗，真叶强行伸长，但叶片扭曲

黄瓜子叶有缺刻或扭曲出土

【危害与诊断】刚出土的黄瓜幼苗的子叶边缘不整齐，有缺刻（图2-5）。有的子叶不平展，扭曲出土（图2-6，图2-7，图2-8）。

图 2-5　子叶边缘有缺刻

图 2-6　子叶扭曲症状之一

图2-7　子叶扭曲症状之二

96

图2-8 子
叶扭曲症
状之三

黄瓜子叶边缘上卷发白

【危害与诊断】黄瓜子叶边缘上卷,且发白,俗称"镶白边",
或带有白色斑点(图2-9)。

图2-9 子叶边缘上
卷,有白色斑点

黄瓜不出苗或出苗不齐

【危害与诊断】 播种后长时间不出苗，或出苗不整齐，幼苗大小不一(图2-10)。

图2-10　有的营养钵不出苗，有的出苗晚，幼苗大小也不一致

黄瓜子叶畸形

【危害与诊断】 黄瓜子叶畸形有多种表现形式，如两片子叶大小不一，不对称，开展方向不在同一条线上，叶抱合在一起，或

图2-11　子叶开裂

98

粘连在一起(图2-11至图2-16)。子叶是黄瓜幼苗生长初期的主要光合器官,如果畸形,会对幼苗生长造成一定的不良影响,例如,粘连在一起的子叶会影响真叶的伸展,减少黄瓜幼苗的光合面积。另外,子叶的质量是黄瓜种子质量和幼苗质量的标志,子叶畸形,往往说明种子质量差,将来这样的幼苗的产量和果实质量也会有所降低。

图2-12 两片子叶开展方向不在同一条直线上

图2-13 两片子叶大小不一

图2-14　两片子叶抱合、卷曲在一起

图2-15　其中一片子叶畸形,幼苗像有三片子叶

图2-16　两片子叶粘连在一起,导致第一片真叶伸展困难

黄瓜子叶过早干枯脱落

【危害与诊断】 黄瓜子叶是反应幼苗和生长早期植株健壮程度的"晴雨表",正常情况下,幼苗定植后很长一段时间内,子叶仍不褪色、萎蔫或脱落。由于环境不良和栽培管理不当,黄瓜子叶可能过早地干枯、脱落(图2-17,图2-18)。此时子叶光合能力有限,因此,这种现象本身对植株生长并无大碍,但却是幼苗生长不良、环境条件较差、管理水平较低的一个信号。

图2-17　黄瓜子叶过
早地萎蔫、干枯

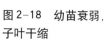

图2-18　幼苗衰弱,
子叶干缩

101

黄瓜幼苗徒长

【危害与诊断】 徒长苗的叶面大，叶片薄、色淡，茎细而长，节与节的间距大，组织柔嫩，根短而小，根冠比小，干物质积累少(图2-19，图2-20)。由于徒长苗根系弱，吸水能力差，叶及茎柔嫩，表面角质层不发达，所以在空气湿度降低时，蒸腾作用剧增，从而使叶片萎蔫。徒长苗抗逆性差，容易受冻，易染病。由于营养不良，徒长苗的花芽形成和发育都慢，花数量少且晚，往往形成畸形果，易落花，早熟性差，产量低。

图2-19　出苗后没有相应地降低温度,致使下胚轴伸长,幼苗徒长

图2-20　刚定植的徒长苗

102

黄瓜缓苗异常

【危害与诊断】 定植后 7~10 天内，是黄瓜幼苗恢复生长的阶段，称为黄瓜的"缓苗期"，此时容易出现一些异常现象，幼小植株的下部第一片叶上出现不规则形白色或淡绿色褪绿斑，类似氨害或肥害造成的叶片灼伤斑(图 2-21，图 2-22)。子叶过早干枯脱落(图 2-23)。这些症状在以后的一段时间里可自行消失，植株恢复正常生长。

图 2-21　幼小植株下部第一片真叶上出现褪绿白斑，上部叶片正常

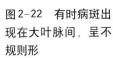

图 2-22　有时病斑出现在大叶脉间，呈不规则形

103

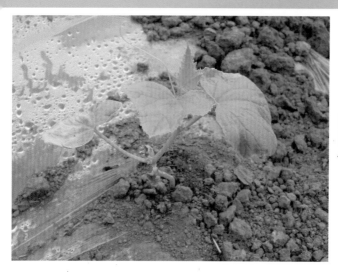

图2-23　缓苗期间第一片真叶和子叶干枯

黄瓜嫁接苗萎蔫

【危害与诊断】　嫁接后，幼苗于中午前后萎蔫，早晚尚可恢复正常，严重时嫁接苗始终萎蔫，不能恢复，黄瓜叶片从子叶开始干枯，直至植株接口以上部分死亡，嫁接失败(图2-24，图2-25，图2-26)。

图2-24　空气干燥，嫁接后黄瓜子叶干枯

图2-25　中午前后放下嫁接苗对应部分的草苫遮光

图2-26　密集播种可使黑籽南瓜下胚轴增长，方便嫁接操作

黄瓜幼苗叶片早晨吐水

【危害与诊断】　早春育苗时，在晴朗天气的早晨，黄瓜幼苗叶片边缘水孔附近挂有一圈小水珠，而叶片表面却没有水珠(图2-27，图2-28)。

图2-27　子叶叶缘吐水

图2-28　第一片
真叶叶缘吐水

黄瓜第一片真叶形态异常

【危害与诊断】　第一片真叶不同于其他叶片，有的缺刻少，有的略现皱缩，有的残破不全(图2-29至图2-32)。

图 2-29　叶缘无缺刻是品种本身的特性，但叶片皱缩则说明种子质量差

图 2-30　叶形不正

图 2-31　叶片皱缩，但有的皱缩叶片会逐步展开恢复正常

图2-32 有的品种第一片真叶叶缘无"锯齿"，形似南瓜叶，这是正常现象

黄瓜苗沤根

【危害与诊断】 低温季节育苗时易沤根。发病时，根部不发新根和不定根，根皮锈褐色，逐渐腐烂、干枯。病苗极易从土壤中拔出。茎叶生长缓慢，叶片逐渐变为黄绿色或乳黄色，叶缘开始枯黄，直至整叶皱缩枯黄。幼苗不生新叶，重时整株枯死(图2-33)。

图2-33 嫁接后为提高湿度大量浇水，导致沤根的黄瓜幼苗

黄瓜闪苗

【危害与诊断】 由于环境条件突然改变，出现叶片萎蔫，或有水渍状失绿，并出现白斑而枯死的现象(图2-34，图2-35，图2-36)。这种现象在整个育苗期都可能发生，而定植前以及定植后一段时间内最易发生(图2-37)。重者整个叶片干枯，轻者叶片边缘干枯卷曲，再轻者叶片边缘或叶脉之间叶肉组织失绿变白，叶片干黄(图2-38，图2-39，图2-40)。

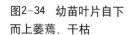

图2-34 幼苗叶片自下而上萎蔫、干枯

图2-35 发病初期下部叶片萎蔫

图2-36 叶面上出现圆形或近圆形褪绿白斑

图2-37 黄瓜闪苗田间症状

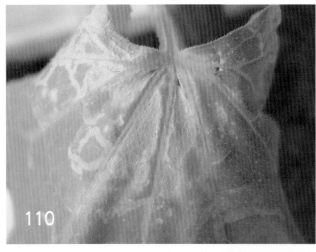

图2-38 有的叶片大叶脉间叶肉失绿

图2-39　随病情发展，叶片失水、干枯

图2-40　发病严重时，整个叶片完全干枯

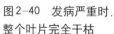

黄瓜氨气危害

【危害与诊断】 棚室黄瓜经常发生氨害，轻者使叶片形成大块枯斑，影响正常的光合作用，产量下降(图2-41)。重者全株叶片在很短的时间内完全干枯(图2-42)。氨气从叶片的气孔进入，

在黄瓜体内发生碱性危害，破坏叶绿体。一般受害部位初期呈水浸状，干枯时是暗绿色、黄白色或淡褐色，叶缘呈"灼伤"状，严重时，可以造成全株枯死。速效氮肥施用时距植株根太近或施肥量过大，虽施后覆土，由于挥发性大，也会使植株叶片由下往上从叶缘开始青枯，植株生长缓慢，严重时全株死亡(图2-43)。

图2-41 病情由叶缘向内发展

图2-42 严重整个叶片干枯

图2-43 大量施用氮肥后土壤释放出氨气，下部邻近土壤的叶片边缘干枯，呈暗绿色

黄瓜二氧化硫危害

【危害与诊断】 主要危害叶片。二氧化硫遇水或在空气湿度较大时，就转化为亚硫酸，它能直接破坏蔬菜的叶绿体。二氧化硫也能通过气孔进入叶片内，在叶片内转化为亚硫酸根及硫酸根危害叶片，受害的叶片叶缘和叶脉间叶肉白化，漂白部分在继续受到二氧化硫毒害时，会逐渐扩展至叶脉，导致叶片逐渐干枯(图2-44，图2-45，图2-46)。

图2-44 受二氧化硫危害的黄瓜叶片沿叶面失绿、白化

图 2-45　受害病斑放大

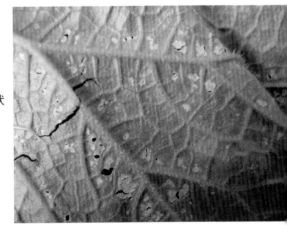

图 2-46　受害叶片背面症状

黄瓜亚硝酸气体危害

【危害与诊断】　主要危害叶肉，一般追肥10多天后出现危害症状。亚硝酸气体从叶片气孔侵入叶肉组织，危害叶绿素，首先，气孔附近的叶肉呈现水浸状斑纹，经2～3天后漂白呈不规则状斑点，受害部位下陷，与健康部位界限分明，以叶缘和叶脉间的叶肉受害最重(图2-47，图2-48)。严重时，除叶脉外全部叶肉漂白致死(图2-49)。受害叶片一般为中部活力较强的叶片。

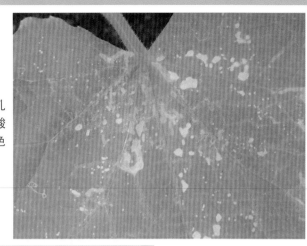

图 2-47　叶片上气孔附近的叶肉被亚硝酸气体漂白，形成白色不规则状斑点

图 2-48　叶缘最易受害，形成"枯边"

图 2-49　受害严重时，叶缘和叶面间的叶肉大面积失绿、白化

黄瓜百菌清烟剂危害

【危害与诊断】 主要危害叶片。病斑从叶片边缘逐渐向内部发展，导致大叶脉间叶肉失绿、白化(图 2-50)。湿度大时，坏死部分的叶肉逐渐腐烂、破碎(图 2-51)。

图 2-50 受害叶片大叶脉间叶肉失绿、白化，白化部分以叶柄基部为中心，呈放射状

图 2-51 在高湿条件下，坏死部分的叶肉逐渐腐烂、破碎

116

黄瓜杀菌剂药害

【危害与诊断】 叶片上出现明显的斑点或较大的枯斑，不同药剂所造成的药害的症状不同(图2-52至图2-56)。

图2-52 连续
喷药造成叶片
严重灼伤

图2-53 露地黄瓜在
高温强光下喷药引起
叶片灼伤和破碎

117

图2-54 用药浓度过高或多种药剂混用造成点状灼伤

图2-55 强光引起的日灼症与药害并发

图2-56 高温季节连续喷药导致叶片皱缩

118

黄瓜敌敌畏药害

【危害与诊断】 多从叶片边缘或叶尖出现症状,叶尖失绿、黄化,空气干燥时叶片坏死部分迅速脱水,表现为青绿色干枯斑。叶面上有不规则枯斑,白色至枯黄色,空气干燥时病斑中间为青绿色,病健部之间有过渡色(图2-57)。

图2-57 黄瓜叶片敌敌畏药害症状

黄瓜甲胺磷药害

【危害与诊断】 由于甲胺磷具有一定的内吸作用,因此,症状多出现在叶脉、气孔和叶缘附近。叶片边缘白化或黄化,逐渐向内部发展,叶脉褪绿,病健部界限不明显(图2-58至图2-61)。

图 2-58　苗期受害，
叶缘、叶脉、叶脉附近
叶肉褪绿白化

图2-59　成株期
发病较轻时，叶
缘水孔附近叶肉
褪绿

图2-60　小叶脉及其附近
叶肉褪绿黄化，叶片表现
为网状花叶，发生药害
时，表现这一症状的叶片
最多

120

图 2-61　少量受害
叶片表现为圆形或
近圆形褪绿白化斑,
病斑边界不明显

黄瓜苗期药剂灌根药害

【危害与诊断】主要症状表现在灌根后展开或长出的真叶上,初期叶片边缘的小叶脉或紧靠叶脉的叶肉褪绿,变为淡黄色或黄白色,呈网状,而后叶肉从叶缘向内部均匀或不均匀地坏死,坏死部位呈白色薄膜状。发病较重时叶缘直接变白。因叶片各部分生长速度不一致,有的叶片还会皱缩(图2-62,图2-63,图2-64)。

图 2-62　受害幼苗叶片叶
色变淡,叶缘白化,病健部
分界不明显

图2-63 叶缘处部分叶肉坏死,使叶片伸展受到抑制,导致叶片皱缩畸形

图2-64 叶脉及其邻近叶肉失绿,叶片变为网状花叶,这是内吸性药剂药害的典型症状

黄瓜药土产生的药害

【危害与诊断】 主要出现在定植不久的幼苗上部叶片上,叶片叶缘稍微褪绿,呈水浸状向叶片中部扩展,扩展速度均一。由于叶缘生长受到抑制,导致叶片扭曲、变形(图2-65,图2-66)。

图2-65 叶缘
变为淡绿色

图2-66 叶缘受害,生长速
度慢,叶面生长速度快,导致
叶片扭曲、变形

黄瓜硫酸铜药害

【危害与诊断】 硫酸铜药害症状会伴随黄瓜的整个生长过程,
很难消失。主要表现为植株生长缓慢,节间加大,产量降低。以
叶片受害最重,尤其是植株中下部叶片症状最明显(图2-67)。有
的叶片叶脉附近叶肉褪绿,出现不规则形白色小斑点。有的叶片
叶肉整体褪绿、黄化,甚至白化(图2-68,图2-69)。植株顶部花
器坏死,果实粗细不均(图2-70,图2-71)。总之,植株一直处于
生长势极度衰弱状态,无论浇水、施肥都难以缓解(图2-72)。

123

图2-67 有的受害植株的下部叶片褪绿变黄

图2-68 有的受害植株的下部叶片叶脉附近出现白色不规则斑点

图2-69 受害严重时叶片白化

图 2-70 植株顶部花器坏死

图 2-71 黄瓜果实畸形，粗细不均

图 2-72 硫酸铜药害田间症状

黄瓜辛硫磷药害

【危害与诊断】 黄瓜叶片小叶脉不均一地失绿、变白,进而大部分或所有叶脉变白,形成白色网状脉,严重时整个叶片布满白斑(图2-73,图2-74,图2-75)。植株生长受到抑制,顶部幼叶扩展受阻,形成小叶,且叶片边缘褪绿、白化(图2-76)。有时,较小的、受害较轻的叶片皱缩畸形。卷须变白、缢缩(图2-77)。

图2-73 部分小叶脉失绿、白化

图2-74 主要叶脉失绿、白化,形成白色网状叶

126

图2-75 大部分叶脉、叶肉失绿、白化,叶面布满白斑

图2-76 顶部小叶生长受阻,叶缘褪绿枯死

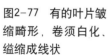

图2-77 有的叶片皱缩畸形,卷须白化、缢缩成线状

127

黄瓜叶片生理积盐

【危害与诊断】 多发生在保护地早春栽培的黄瓜上，在上午8～9时，黄瓜植株叶片表面的水膜和水珠蒸发后，叶片边缘出现白色盐渍，盐渍呈开口向外的不规则半圆形(图2-78，图2-79)。

图2-78 发生生理积盐的黄瓜叶片

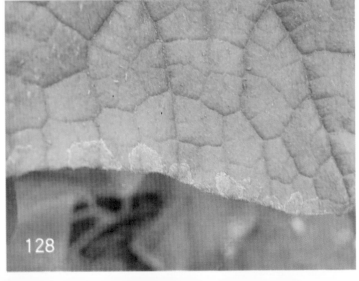

图2-79 叶缘盐渍局部放大

黄瓜叶片生理性充水

【危害与诊断】 早晨揭开草苫后,在黄瓜叶片背面可见污绿色的圆形小斑或受叶脉限制的多角形斑,往往被误诊为细菌性角斑病或霜霉病,实为生理充水现象(图2-80)。生理充水一般是在植株基本相同部位的叶片上比较均匀地发生,在温度升高后会慢慢消失,第二天还可能出现,也可能不出现。生理充水多在植株生长势衰弱时出现。

图2-80 对光观察,可清晰地看出叶肉充水

黄瓜低温高湿环境综合征

【危害与诊断】 温室结构不合理,管理粗放,形成长期的低温高湿环境,在这样的温室内栽培黄瓜,往往出现多种生长异常现象,如幼苗受低温危害,叶片边缘黄化甚至全叶变黄(图2-81),叶片大而稀少,节间变长。植株根系受害(图2-82至图2-85),出现各种缺素症状。常伴有有害气体危害及盐害(图2-86,图2-87)。

129

图 2-81　苗遭受冷害,
子叶和心叶从边缘开始
黄化

图 2-82　叶片大而稀疏,
叶色浓绿,节间长,有时
叶片下垂

图 2-83　植株生长不整齐,
有的植株根系受损,叶片小而
上卷

图 2-84　出现金边叶

图 2-85　出现黄
绿杂斑叶

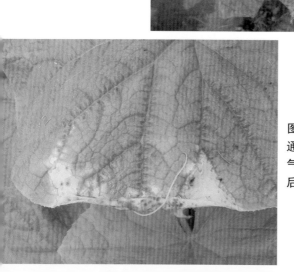

图 2-86　为提高温度，缩短
通风时间，导致温室内有害
气体如氨气积累，叶片受害
后在高湿条件下感染病菌

图2-87　地表出现绿苔，说明土壤过湿或土壤含盐量过高

黄瓜短期低温伤害

【危害与诊断】　黄瓜遭受冻害和冷害统称为低温伤害，主要发生在苗期。指温度降低到黄瓜能够忍受的低温界线以下，造成黄瓜体内结冰，或虽未结冰，但已引起生理障碍使植株受伤或枯死的现象。一般低温伤害症状是叶尖下垂，叶片失绿黄化，进而叶背面出现"水浸状"充水斑，大叶脉间叶肉枯死，直至整个叶片萎蔫枯死(图2-88，图2-89，图2-90)。植株受害后，症状逐渐表现出来，死亡也是逐渐出现的，也就是说，有时低温已经过去了，但黄瓜叶片还在继续干枯，有的植株还在陆续死亡，使有的种植者莫名其妙，不知所措，常将这种现象误诊为其他病害(图2-91，图2-92)。

图 2-88 低温导致黄瓜下部叶片下垂、萎蔫

图 2-89 降温剧烈，持续时间较长时，刚定植的幼苗受冻死亡

图 2-90　大叶脉间叶肉失绿，叶片枯死

图 2-91　不要误诊为枯萎病，剖视茎部，可见
维管束正常，从而排除患枯萎病的可能

图2-92 短期低温条件下，黄瓜根系正常，不会变为褐色或坏死，从而与沤根相区别

黄瓜叶片灼伤

【危害与诊断】 叶片灼伤多发生在温室南部植株中、上部叶片上(图2-93)，会造成减产。受害初期，在叶脉之间出现灼伤斑，被灼部位褪绿发白，而后斑块连成大片，严重时整个叶片变成白色(图2-94)。

图2-93 叶片灼伤多发生在与温室前部靠近薄膜的位置

135

图2-94　被灼伤的黄瓜叶片

黄瓜生理性萎蔫

【危害与诊断】　生理性萎蔫对产量影响较大。早春栽培的黄瓜从定植到结瓜生长发育一直正常，但有时在中午特别是晴天中午叶片出现萎蔫现象。初时只是植株中、下部叶片萎蔫，白天萎蔫到夜间可恢复。发病严重时，如此反复几天后，整个植株叶片萎蔫且不能恢复，生长势减弱，结瓜能力降低，甚至整株枯死(图2-95)。

图2-95　黄瓜生理性萎蔫田间症状

黄瓜涝害

【危害与诊断】 多发生在排水不良的露地栽培黄瓜田间(图2-96)，黄瓜叶片、尤其是下部叶片表面出现铁锈色斑块，有的叶片叶脉间的叶肉褪绿，叶片质地变脆。涝害严重时植株下部叶片脱落(图2-97，图2-98)。

图2-96　雨后积水导致黄瓜涝害的田间症状

图2-97　叶脉间的叶肉褪绿、白化，叶片质地变脆

图2-98 叶片
表面呈铁锈色

黄瓜生理变异株

【危害与诊断】 与同期定植的其他植株相比，生理变异株略矮，较粗壮，出现"龙头"聚缩茎（图2-99）。最大的特点是茎扁平，横截面近长方形。从外表看，每节似有2~3片叶，而正常株每节只有1片叶（图2-100）。

图2-99 植株长势强健，"龙头"聚缩茎

138

图2-100 植株的茎扁平、粗壮，从表面观察，每节有2～3片叶

黄瓜歪头

【危害与诊断】 主要发生在冬春茬黄瓜上，特别是一些杂交种容易发生而且较重。黄瓜龙头叶片小，向下弯曲，使龙头低于邻近展开的大叶片(图2-101)。严重时生长点叶芽不能分化而生长点形成"秃尖"。出现歪头的瓜秧尚可生长，管理得当，经过20～30天可恢复正常，但产量尤其是早期产量会降低。

图2-101 黄瓜歪头

黄瓜白网边叶

【危害与诊断】 多发生在棚室栽培的黄瓜植株上,尤其是植株中、上部最易出现。病叶多从叶尖开始表现症状,并沿叶缘向两边发展。叶片边缘向内1~2厘米范围内的网状脉变成白色(图2-102,图2-103)。重病时可向叶片内部发展,后期叶缘干枯。

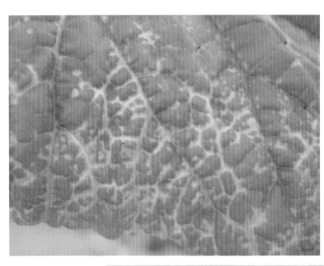

图2-102 叶缘附近网状脉变为白色

图2-103 黄瓜白网边叶

140

黄瓜花斑叶

【危害与诊断】 俗称"蛤蟆皮叶"，多发生于棚室黄瓜植株中部。初期叶脉间出现深浅不一的花斑，而后花斑中的浅色部分逐渐变黄，叶面凹凸不平，凸出部分褪绿，呈白色、淡黄色或黄褐色。最后整个叶片变黄、变硬，叶缘向下卷曲（图2-104，图2-105，图2-106）。

图2-104 黄瓜花斑叶呈"蛤蟆皮"状，叶缘向下卷曲

图2-105 局部放大，可见叶面凹凸不平，叶脉间突起处褪绿，呈现出深浅不一的花斑

141

图2-106 出现花斑叶的黄瓜植株

黄瓜黄绿杂斑叶

【危害与诊断】 叶片稍有增厚，叶脉间呈淡黄绿色至黄色，主脉周围有不规则绿色斑块，叶基部和叶缘有绿色花斑，叶尖向下或向下弯曲。发病严重时，叶色黄绿相间，叶缘向下卷曲，植株龙头弯折，植株矮小，生长缓慢(图2-107，图2-108)。

图2-107 黄瓜植株缺钼引发的黄绿杂斑叶之一

图2-108 黄瓜植株缺钼引发的黄绿杂斑叶之二

【危害与诊断】 进入结瓜期，在遭遇3~4个连阴天后容易在植株中、上部出现黄化叶。首先叶背面在早晨呈水渍状，中午症状消失，最终全叶黄化，但叶脉尚可保持绿色(图2-109)。如果挖出植株观察，可见黄瓜根量明显减少。

图2-109 在连阴天后出现的黄化叶

143

黄瓜降落伞形叶

【危害与诊断】 叶片的中央部分凸起，边缘翻转，呈降落伞状。整个植株出现降落伞叶有个过程，首先冬季遇到低温连阴天，温室不能或很少通风，随着气温的下降，地温也降低，此时，首先生长点附近的新叶叶尖先黄化，进而叶缘黄化。叶缘黄化部分

图 2-110　突然通风，降温速度过快，通风口附近的黄瓜植株上出现降落伞形叶

图2-111　低温缺钙引发的降落伞形叶

144

生长受到限制，而中央部分的生长还在继续进行，这样就形成了降落伞形叶(图2-110，图2-111，图2-112)。严重时症状从植株中部叶片一直发展到顶部叶片，直至生长点龟缩，但以中部叶片最明显。

图2-112　缺钙植株的中、下部叶片都变为降落伞形

黄瓜金边叶

【危害与诊断】　金边叶又称黄边叶，是保护地黄瓜常见的一种生理病害，叶片边缘呈整齐的镶金边状，组织一般不坏死，这一点不同于下面将阐述的枯边叶。植株上部叶片骤然变小，生长点紧缩，在温室黄瓜定植后到采收前的一段时间容易出现(图2-113，图2-114，图2-115)。

145

图 2-113 土壤酸化引发的黄瓜金边叶

图 2-114 土壤干旱引发的黄瓜金边叶

图2-115 施用化肥，尤其是氮肥过量引发的黄瓜金边叶

黄瓜白化叶

【危害与诊断】黄瓜白化叶在保护地黄瓜生产中经常发生，造成叶片早枯，瓜秧早衰，导致严重减产。保护地冬春茬黄瓜进入盛瓜期后最易发生。发病叶片，首先是叶片主脉间叶肉褪绿，变黄白色。褪绿部分顺次向叶缘发展并扩大，直至叶片除叶缘尚保持绿色外，叶脉间均变为黄白色，俗称"绿环叶"。发展到后期，叶脉间的叶肉全部褪色，重者发白，与叶脉的绿色成鲜明对比，俗称"白化叶"（图2-116，图2-117，图2-118）。病叶早枯，对产量影响很大。

图2-116 黄瓜白化叶

147

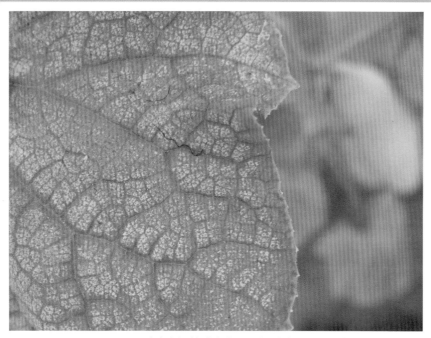

图2-117　叶脉之间的叶肉白化，但叶缘仍保持绿色

图2-118　病叶会提早枯死

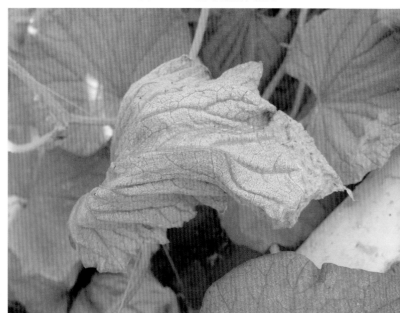

黄瓜泡泡叶

【危害与诊断】 黄瓜泡泡叶多出现在冬茬、冬春茬黄瓜植株中、下部，这种叶片生长受到抑制，光合能力降低。发病初期，叶片正面出现鼓泡，逐渐增多，各叶的鼓泡数量差异较大。鼓泡直径约5毫米，正面凸起，背面凹进，叶面凹凸不平。在凹陷处常有白毡状物，无病菌。凸起部分逐渐褪绿，变为灰白色、黄色或黄褐色(图2-119，图2-120)。

图2-119 黄瓜泡泡病病叶

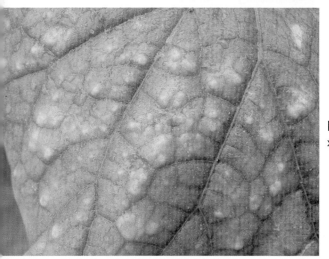

图2-120 病叶泡状凸起局部放大

149

黄瓜枯边叶

【危害与诊断】 黄瓜枯边叶又称焦边叶，多发生在中部叶片上。病叶叶缘发生干边，深达叶内3～5毫米(图2-121，图2-122，图2-123)。

图2-121 高温高湿的条件下突然通风，叶片急速失水导致枯边

图2-122 枯边叶的叶缘叶肉组织死亡，这一点区别于金边叶

图2-123 肥
害引发的枯
边叶

黄瓜白点叶

【危害与诊断】 植株生长稍弱，株形、叶形正常，但叶片上
产生许多形状不定的白色小斑点，分散在叶面上，但不愈合连片
(图2-124，图2-125，图2-126)。重时叶片布满斑点，造成叶片
干枯死亡。

图2-124 发病初
期，叶片上出现零
散的白色小斑点

151

图2-125 随病情发展，叶片上布满白色小斑点，但并不连片

图2-126 氮肥和水分充足时，黄瓜叶片较厚，叶面不平，白点出现在突起处，此时症状与花斑叶类似

黄瓜叶片皱缩症

【危害与诊断】叶片沿叶脉皱缩，叶脉扭曲，叶片外卷畸形，叶缘不规则地褪绿黄化，黄化部位呈线状(图2-127，图2-128，图2-129)。严重时生长点附近的叶片萎缩干枯。黄瓜果实表皮木质化，瓜内形成较大的空腔，瓜条弯曲。

图2-127　叶肉沿叶脉皱缩，部分叶脉扭曲

图2-128　皱缩程度加重

153

图2-129　叶面凹凸不平

黄瓜顶端匙形叶

【危害与诊断】棚室黄瓜植株长势弱,上部叶片稍显下垂、黄化,发病严重时植株中、下叶片也褪绿发黄。植株顶部叶片不能充分展开,边缘上卷呈匙状,重时匙状叶边缘枯死(图2-130,图2-131)。植株生长缓慢至停滞,产量降低。

图2-130　土壤缺铜导致植株顶部小叶叶缘上卷,叶片呈匙形

图 2-131 匙形叶不能正常展开。且叶缘部分叶肉枯死

黄瓜下部叶片变黄

【危害与诊断】 在温室冬春茬或大棚春茬黄瓜定植后出现,植株下部的叶片自下向上逐渐黄化、干枯脱落, 有的只剩上部 1~2片绿叶, 这种植株根量极少, 且已受到损伤(图 2-132)。在结瓜期出现, 叶片由下而上逐步变黄。适时打掉植株下部老叶或打掉底部叶片并盘蔓可减少病菌感染机会(图 2-133, 图 2-134)。

图 2-132 定植过密, 植株郁闭, 下部叶片自然老化

图 2-133　适时打掉植株下部老叶，提高行间通透性，同时减少叶片被来自土壤病菌的感染机会

图 2-134　植株长至棚顶后，可打掉底部叶片、盘蔓

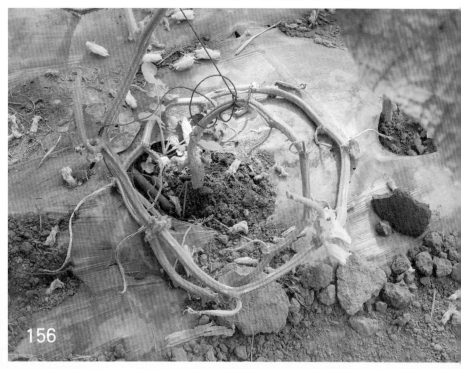

黄瓜褐色小斑症

【危害与诊断】 保护地早春栽培的黄瓜易出现褐色小斑症，多在真叶展开达14~15片后，在中下部叶片上发生。由多种原因引发，但症状相似，具有共同特征。发病叶片先是在大叶脉旁边出现白色至褐色条斑（又称点线状小斑点），发病早期条斑受叶脉限制而不连片，条斑紧靠大叶脉(图2-135)。条斑处叶肉坏死，大叶脉间的叶肉上还有零散的褐色斑点。叶片背面的叶面条斑对应位置呈白色(图2-136，图2-137)。随病情发展，叶柄附近条斑相连(图2-138)。也有的植株在大叶脉间的叶肉上呈现不规则形淡黄色至褐色小斑(图2-139)，叶背面相应位置有白色干菌脓(图 2-140)。患病植株的叶片通常提早干枯(图2-141)。

图2-135　低温多肥条件下，黄瓜叶片大叶脉旁边出现白色至褐色条斑，受叶脉限制不连片

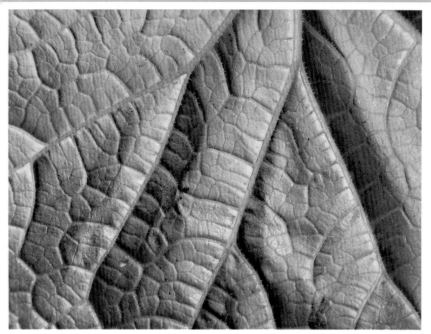

图 2-136　小条斑叶片背面的相应位置呈白色

图 2-137　对光观察，叶片上的褐色小斑更清晰

158

图 2-138　随病情发展，叶柄附近条斑相连

图 2-139　有的褐色小斑症表现为大叶脉间的
叶肉上呈现不规则形淡黄色至褐色小斑

图 2-140　有的病叶叶背面的褐色小斑相应位置有白色干菌脓，为菊苣假单胞

图 2-141　患褐色小斑症的叶片通常会提早干枯

黄瓜植株急性萎凋

【危害与诊断】 黄瓜植株急性萎凋也称急性萎蔫,露地和保护地黄瓜都有发生。一旦发生,处理不及时或处理不当,即可造成大面积植株死亡,损失严重。在黄瓜采收期或结果初期,发病前黄瓜植株生长发育正常,但在短时间内植株叶片急性萎凋,一般是晴天中午表现明显,前期到夜间还可以恢复,后期基本上不再恢复(图2-142)。发病最快只需几个小时,多者1~2天,黄瓜整株叶片萎蔫而死,死后瓜秧仍保持绿色,故俗称"青枯"。

图2-142 黄瓜植株急性萎凋田间症状

161

黄瓜秃尖

【危害与诊断】 植株上部茎细、叶小而叶柄长，卷须弱。生长点叶芽不能分化而生长点形成"秃尖"(图2-143)。植株不能再生长，对生产影响很大(图2-144)。

图2-143 成株期出现秃尖现象，植株顶部不见龙头

图2-144 黄瓜秃尖田间症状

162

黄瓜花打顶

【危害与诊断】 在黄瓜苗期或定植初期最易出现花打顶现象，其症状表现为生长点不再向上生长，生长点附近的节间缩短，不能再形成新叶，在生长点周围形成雌花和雄花间杂的花簇（图2-145，图2-146）。花开后瓜条不伸长，无商品价值，同时瓜蔓停止生长。

图2-145 黄瓜花打顶症状

图2-146 低温干旱，使黄瓜生长点附近簇生大量雌花和雄花，其中雌花最多

163

黄瓜龙头龟缩

【危害与诊断】 生长点附近叶片较大,且叶片位置高于生长点,生长点缩于叶片之内。植株细弱,生长缓慢(图2-147,图2-148,图2-149)。

图2-147 氮肥施用过多,生长点位置低于周围叶片,龙头龟缩

图2-148 定植后温度低,浇水过多,植株生长缓慢,龙头龟缩

图2-149 营养不良，植株长势衰弱，结瓜部位上移，龙头龟缩

黄瓜无雌花

【危害与诊断】 在温室生产时，黄瓜一般在4~5片叶时就有花蕾，7~8片叶时在第三至第四节处开始出现雌花，但管理不当时，只开雄花而无雌花，甚至以后雌花也很少(图2-150)。

图2-150 黄瓜苗期高温导致定植后有雄花无雌花或雌花很少

黄瓜雌花过多

【危害与诊断】 一种情况是，温室冬茬或冬春茬黄瓜，或大棚春茬黄瓜，在定植后不久，黄瓜植株由下而上，每节均出现大量雌花，密生在一起，少则4~5朵，多则7~10朵甚至更多(图2-151)。另一种情况是温室秋冬茬黄瓜生长前期，植株下部雌花很少，蔬菜种植者为增加雌花数量喷施乙烯利，致使上部各节出现大量雌花(图2-152)。雌花过多且同时发育，会相互竞争养分，虽然雌花多，但能坐住的瓜反而更少。还有一种情况是对冬春茬黄瓜幼苗进行乙烯利处理后，容易产生过量雌花。

166

图2-151 刚定植的黄瓜幼苗,生长缓慢,生长点处聚集大量雌花,不要误诊为花打顶,随植株伸展,症状会自行消失

图2-152 早春棚室栽培的节成性很好的黄瓜,由于乙烯利处理,可形成过量雌花,由于雌花之间营养竞争激烈,坐住的瓜反而很少

黄瓜蔓徒长

【危害与诊断】 温室黄瓜定植后，如遇连续晴朗天气，温度高，湿度大，基肥不足，将使瓜秧节间变长（超过8厘米），茎过粗（直径超过0.8厘米），叶柄过长（超过11厘米），叶片过大（直径超过14厘米），叶柄与茎夹角小于45°。叶茎淡黄，叶片过厚过肥，生长点凸出，卷须细长发白，侧枝长出早，营养生长过旺。雌花弱，子房小，果实和叶片大小不相称，化瓜现象严重(图2-153)。易发病，生殖生长受抑制，幼瓜减少且不膨大，产瓜能力降低。这种现象即为蔓徒长，又称"秧蔓虚症"。

图2-153 发生徒长的黄瓜植株叶片大、节间长、叶柄长、茎蔓粗、结瓜少

168

黄瓜结瓜状态异常

【危害与诊断】　正常情况下，开花的位置距离植株茎蔓顶部40～50厘米，将要采收的瓜条距株顶70厘米，其间具有展开叶6～7片，低于或高于这一标准均属异常。正常植株雌花大而长，向下开放，其他状态均为异常(图2-154至图2-157)。

图2-154　黄瓜雌花向上开放，说明植株生长势十分衰弱

图 2-155　黄瓜雌花横向开放，说明植株生长势比较衰弱

图 2-156　黄瓜雌花向下开放，说明植株健壮

170

图2-157 水肥供应不足，
植株老化，致使开花节位
距离生长点很近

黄瓜化瓜

【危害与诊断】 化瓜是指幼瓜形成后不能继续生长成商品瓜而黄萎、脱落的现象，这样的幼瓜又称生理凋萎果或流产果。"化瓜"现象是黄瓜生产上普遍存在的问题，特别是采用塑料大棚等保护地栽培的黄瓜，如果管理不善，化瓜率可达50%以上，严重影响产量(图2-158至图2-162)。

图2-158 养分供应不足导致黄瓜化瓜

171

图 2-159　一节多瓜，相互竞争养分，导致部分幼瓜化掉

图 2-160　低温弱光导致化瓜

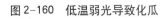

图 2-161　如果营养不足，即使是长到一定大小的瓜也会化掉

图 2-162　失去生命力的幼瓜感染霉菌，成为引发病害的菌源

黄瓜畸形瓜

【危害与诊断】 瓜条从中部到顶部膨大伸长受到限制,顶部较尖,瓜条短,有时略弯曲,俗称尖嘴瓜(图2-163,图2-164,图2-165)。

瓜条中部多处缢缩,状如蜂腰,又如系了多条腰带,俗称蜂腰瓜。将蜂腰瓜纵切开,常会发现变细部分果肉已龟裂甚至中空,果实变脆(图2-166,图2-167)。

瓜中部或顶部异常膨大,俗称大肚瓜(图2-168,图2-169)。

弯曲瓜,俗称"弯瓜",轻微者瓜条不直,向一侧弯曲;重者弯曲度加大,弯成钩状,有时也会表现为不规则形弯曲(图2-170,图2-171,图2-172)。

图2-163 生产上极易出现的不十分明显的尖嘴瓜,多是由于温度低、土壤湿度大、植株衰弱、营养供应不足造成的

174

图2-164　典型的尖嘴瓜

图2-165　弯曲的尖嘴瓜

175

图 2-166　蜂腰瓜瓜条中部多处缢缩，状如蜂腰

图 2-167　纵剖后可见瓜条变细部分果肉龟裂、中空

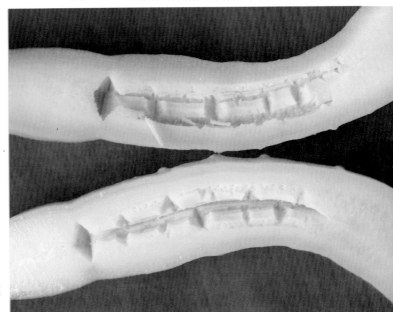

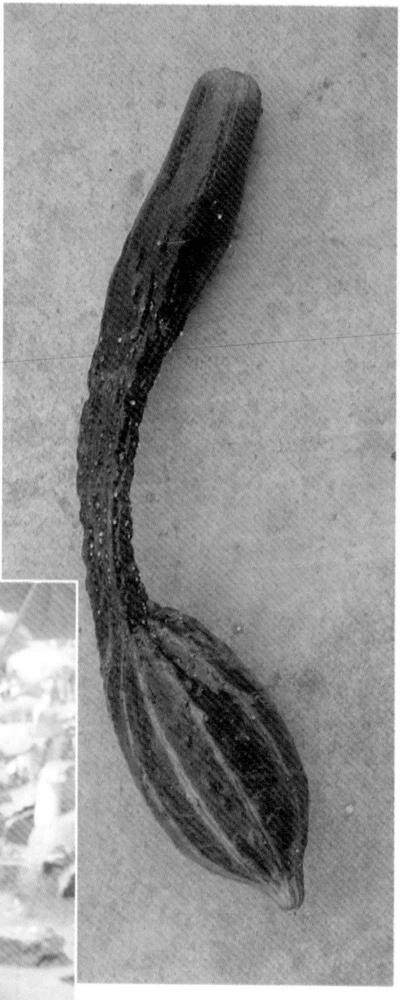

图2-168 受精不完全，形成种子的顶部优先发育，形成大肚瓜

图2-169 露地黄瓜生长后期，长势衰弱，水肥不足，容易形成大量大肚瓜

图2-170 露地栽培生长后期，植株郁闭，通风不良，肥料不足，温度过高，干旱缺水，植株生长衰弱，营养不良，形成大量弯曲瓜

图2-171 因营养不良形成的弯曲瓜从外观上看顶端略尖

-172 在营养条件良好
况下，因花芽分化异常
花受精不良形成的弯曲
细基本一致

黄瓜苦味瓜

【危害与诊断】 低温季节栽培黄瓜时，植株下部常会形成苦味瓜(图2-173)。

图2-173 苦味瓜坐瓜部位

黄瓜瓜佬

【危害与诊断】 棚室黄瓜栽培中,黄瓜植株偶尔会结出状如小香瓜的"瓜蛋"黄瓜,鸡蛋大小,称为"瓜佬"(图 2-174)。

图 2-174　有些条件下黄瓜形成两性花,就会结出瓜佬

黄瓜坠秧

【危害与诊断】 植株结瓜量少,只有下部少数几条瓜,植株中上部无瓜或瓜条发育缓慢,总产量很低(图 2-175)。

图2-175 根瓜采收晚会
坐秧，抑制植株生长和
中、上部各节坐瓜

黄瓜卷须异常

【危害与诊断】 除攀援作用外，黄瓜的卷须几乎对黄瓜的生
长发育没有用途，因此，许多种植者为减少养分消耗，会将其摘
除。但黄瓜卷须含水量高，对生长环境和植株营养水平的变化十
分敏感，可以作为诊断黄瓜长势、判断环境优良的"晴雨表"。正
常情况下，黄瓜第三至第五片展开叶附近的卷须较粗大，与茎呈
45°角并向斜上方伸展，长而软，颜色淡绿(图2-176)。用拇指和
中指夹住，用食指轻弹时感到有弹性， 用三个指头掐折时，无抵
抗感，用嘴咀嚼时有甜味，与黄瓜味相同。由于环境、黄瓜植株
营养状况等原因，卷须会呈现各种异常状态，如下垂、卷曲、黄
化等(图2-177，图2-178)。

图2-176　正常情况下，黄瓜第三至第五片展开叶附近的卷须较粗大，与茎呈 45° 角，长而软，颜色淡绿

图 2-177　土壤干旱，卷须呈弧形下垂，卷曲

图 2-178　干旱缺肥，长势衰弱，植株老化，卷须细弱、下垂，先端卷曲

黄瓜肥害

【危害与诊断】　施肥过量，造成轻度肥害时，黄瓜叶片浓绿、变厚、皱缩。再严重一点，则在叶片的大叶脉之间出现不规则条斑，条斑黄绿色或淡黄色，组织不坏死。更严重时，叶片边缘受到随"吐水"析出的盐分危害，出现不规则黄化斑，并会造成部分叶肉组织坏死(图 2-179 至图 2-182)。磷过剩，黄瓜叶脉间的叶肉上出现白色小斑点，病健部分界明显(图 2-183，图 2-184，图 2-185)。肥害较轻时对产量影响较小，但却是施肥过量的一个信号。对肥害症状要正确识别，不要因误诊为其他病害而采取错误的防治措施。

183

图2-179 大叶脉间的叶肉上出现不规则黄化斑

图2-180 叶片边缘小叶脉间的叶肉黄化，部分组织坏死

图2-181 高温条件下施用化肥过量，叶片青枯，并伴有氨害症状

图2-182　棚室栽培时,大量施用氮肥,叶片呈暗绿色,肥厚、下垂,结瓜少

图2-183　磷过剩的叶片症状

图2-184　磷过剩,叶脉间的叶肉上出现白色小斑点

图2-185 磷过剩，叶片背面的白色小斑点与叶片正面类似

黄瓜缺肥

【危害与诊断】 黄瓜叶片叶缘褪色，变为淡绿色，而后变为黄白色，与健康部分叶肉的分界不明显(图2-186，图2-187，图2-188)。同时，伴有卷须下垂、卷曲，化瓜，生长缓慢等症状。

黄瓜缺氮初期，植株生长变慢，叶片呈淡绿色或黄绿色，叶脉变得更清晰(图2-189)。严重缺氮时叶片上叶脉凸起，果实变小、畸形。

黄瓜缺钾，植株生长缓慢，节间变短，叶片变小，初期叶片呈铜色，边缘变成黄绿色，叶片卷曲。严重时叶缘呈烧焦状干枯，主脉凹陷，后期叶脉间叶肉失绿并向叶片中部扩展，随后枯死(图2-190)。失绿症状先从植株下部老叶片出现，逐渐向上部新叶发展。瓜膨大伸长受阻，比正常瓜短而细，容易形成尖嘴瓜或大肚瓜。

黄瓜缺锌，叶片较小，扭曲或皱缩，叶脉两侧由绿色变为淡黄色或黄白色，叶片边缘黄化、翻卷、干枯，叶脉比正常叶清晰，心叶不黄化。植株类似病毒病症状(图2-191)。

黄瓜缺铁,叶片发黄,首先表现在生长旺盛的顶端,即生长点新叶鲜黄,新生黄瓜皮色发黄(图2-192,图2-193)。

黄瓜缺镁,保护地冬春茬黄瓜进入盛瓜期后易发生,症状表现较为复杂,尤其是不同程度的缺镁症状差异较大(图2-194)。通常,先是叶片主脉间叶肉褪绿,变为黄白色。褪绿部分向叶缘发展,直至叶片除叶缘或大叶脉顶端保持一定程度的绿色外,叶脉间均黄白化(图2-195)。后期,叶脉间全部褪色,重者发白,与叶脉的绿色形成鲜明对比,俗称之为白化叶或绿环叶(图2-196)。病叶早枯,对产量影响很大。

图2-186 缺肥植株叶片的叶缘褪绿

图2-187 初期,叶缘变为淡绿色,病健部分界不明显

187

图 2-188　随病情发展，叶缘褪绿部分变为黄白色，病健部分界限依旧不明显

图2-189　缺氮植株的叶片与正常叶片对比

缺 氮　　　　　正常

图2-190　缺钾的黄瓜植株

图 2-191　黄瓜
缺锌的田间症状

图 2-192　用无
土栽培的方法进
行缺素试验,营
养液中不加入铁
元素,黄瓜幼苗
叶片黄化

图2-193　施用磷肥过多导致缺铁的田间症状

图2-194　大量施用氮肥，植株对镁元素
的吸收受阻时所表现出的缺镁症状

图 2-195　土壤缺镁的叶片表现

图 2-196　缺镁症发病后期，只有叶脉和叶缘保持绿色，称作"绿环叶"

黄瓜盐害

【危害与诊断】 黄瓜植株细弱,叶片变小,节间明显变长,叶片边缘褪绿,进而形成金边叶,有时还伴有尖嘴瓜出现(图 2-197)。

还可观察土壤表面。没有发生积盐的土壤渗水速度比较快,发生积盐后,水的下渗困难。土壤一干燥,地表就变成白色,出现白色结晶,表明积盐已相当高,至少说明前茬栽培期间土壤溶液出现了 5 000毫克/升以上的高浓度。土壤表面长出绿苔,表明盐分浓度已很高(图2-198)。

积盐会造成土壤有害气体的释放和积累,可从棚膜上水珠预测有害气体的发生,用 pH 试纸测试,或用舌尖舔尝,亦可凭借经验判断,如感到水珠滑溜则表明有氨气积累;若有麻酥酥的感觉,则表明有亚硝酸气体积累。若能被舌头判断出来,说明危害已经发生。

图 2-197　黄瓜发生盐害叶缘褪绿

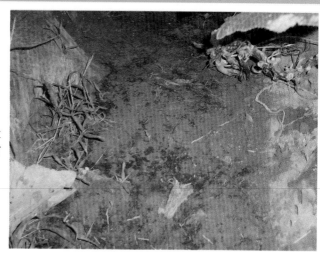

图2-198　湿度大时，积盐土壤表面长出绿苔

黄瓜酸碱度障碍

【危害与诊断】　发病较轻时上部个别小叶片萎蔫(图 2-199)。发病较重时，叶片尖端干枯，干枯部分为青绿色，不变黄也不变褐，且逐渐向整个叶片发展(图2-200)。继而生长点附近的小叶干枯，生长点枯死(图2-201)。高温会加重危害。

图2-199　发生酸碱度障碍初期植株上部小叶片萎蔫

193

图2-200 继而叶片尖端干枯,并逐渐向整个叶片发展

图2-201 生长点及附近的小叶干枯

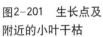

南瓜裂瓜

【危害与诊断】 南瓜幼瓜、成瓜都会发生裂瓜,在瓜面上产生纵向、横向或斜向裂口,裂口深浅、宽窄不一。严重开裂可深达瓜瓤,露出种子,裂口伤面木栓化。轻微开裂者仅为一条小裂缝。如是幼果开裂后果实继续生长,裂口会逐渐加深、加大(图2-202)。

图2-202　南瓜裂瓜

南瓜氨害

【危害与诊断】　叶片边缘初期呈水浸状，干枯，黄白色或淡褐色，后期整个叶片黄化、干枯(图2-203)。诊断时需注意，南瓜定植后的缓苗阶段，下部叶片会因养分供应暂时减少而出现类似的叶缘干枯现象，以后随幼苗生长，这一现象会自行消失。

图2-203　南瓜
氨害田间症状

南瓜缺镁

【危害与诊断】 瓜类蔬菜发生缺镁症时，下位叶片叶脉间均匀褪绿，逐渐黄化，叶脉包括细脉保持清晰绿色。南瓜整个叶片褪绿较均匀，叶脉与叶肉在颜色上对比不明显。

诊断时，要注意与自然衰老叶片相区别，由于缺镁易发生在生长中、后期，因此，常被误认为是自然衰老现象。但两者是有区别的，自然衰老的叶片黄化均匀，叶脉叶肉同步褪绿，常呈枯萎状，缺少新鲜感。而缺镁叶片保持鲜活时期较长，叶脉不褪绿（图 2-204）。在有条件的地方，可以分析土壤有效镁的含量，一般土壤以有效镁（MgO）含量小于100毫克／升为诊断指标，植株叶片缺镁的测定诊断指标多数蔬菜是0.2%～0.3%,低于这个含量为缺镁。

图 2-204 南瓜缺镁叶片症状

196

南瓜果皮木栓化

【危害与诊断】 部分果皮木栓化，斑块形状各异，大小不一。后期斑块连片，组织硬化，表面龟裂，空气干燥时会呈现出龟甲状网纹(图2-205)。

图2-205 南瓜木栓化，果皮龟裂，呈网纹状

南瓜化瓜

【危害与诊断】 长到一定大小的幼瓜生长停止，逐渐变黄萎缩，最后干枯或脱落(图2-206)。

图2-206 幼瓜因授粉不
良和养分竞争而化掉

西葫芦叶片破碎

【危害与诊断】露地小拱棚西葫芦,在撤膜后经常出现叶片
破碎现象,轻者叶缘褪绿、干枯、破碎,重者整个叶片破散,严
重影响叶片生理功能(图2-207,图2-208)。

图2-207 进入高
温季节,西葫芦叶
片叶缘褪绿、干枯

图2-208 叶缘坏
死部分破碎,叶
形不再完整

西葫芦畸形果

【危害与诊断】 瓜中部或顶部异常膨大,形成大肚皮(图2-209)。瓜条中部多处缢缩,状如蜂腰,又如系了多条腰带,俗称蜂腰瓜。将蜂腰瓜纵切开,常会发现变细部分果肉已龟裂,果实变脆(图2-210,图2-211)。

图2-209 生长后期,长
势衰弱,水肥不足,形成
大肚瓜

瓜条从中部到顶部膨大伸长受到限制，顶部较尖，瓜条短，俗称尖嘴瓜(图2-212)。

西葫芦棱角瓜的形态和发病原因类似番茄的空洞果。这种瓜重量轻，除有棱部分以外的其他部分凹陷，有时甚至整个瓜呈扁平形，有时还具备大肚瓜、尖嘴瓜的特征。纵剖后可见，瓜中空，果肉龟裂，后期腐烂（图2-213，图2-214，图20-215）。

图2-210 瓜中部多处缢缩，状如蜂腰

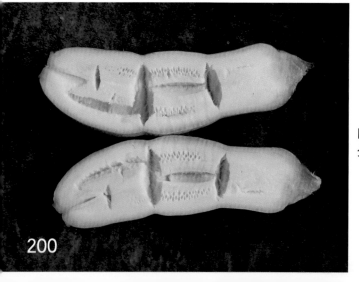

图2-211 瓜变细部分果肉龟裂、中空

图 2-212　西葫芦尖嘴瓜

图 2-213　果实发育不充实，表面有明显的纵向棱角

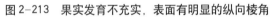

图2-214 有的棱角瓜果实扁平,看上去有大肚瓜的特征

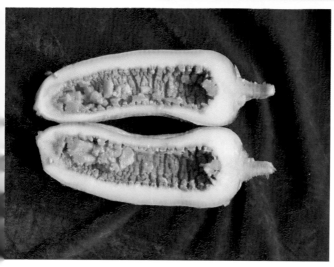

图2-215 果实中空,果肉龟裂

西葫芦化瓜

【危害与诊断】 保护地西葫芦在生长过程中,带花瓜纽或长到一定大小的幼瓜生长停止,逐渐变黄萎缩,最后干枯或脱落(图2-216)。

图2-216　西葫芦化瓜的症状表现为花和果实逐渐变黄萎缩

葫芦苗期缺氮

【危害与诊断】　幼苗叶片尤其是下部叶片均匀地黄化(图2-217)。

图2-217　葫芦苗期缺氮症状

甜瓜缺钾缺镁复合征

【危害与诊断】 叶片表面出现泡状突起，叶片背面相应位置凹陷。隆起部分褪绿，变为黄色至黄褐色。叶片边缘部分泡状凸起相对较多(图2-218)。

图2-218 患缺钾缺镁复合征的甜瓜叶片表面出现泡状突起，突起部分褪绿，变为黄色至黄褐色

甜瓜缺镁

【危害与诊断】 叶脉之间的叶肉出现大量黄色点状斑，斑点会逐渐扩大、连片(图2-219)，严重时会使叶脉间的叶肉变褐、枯死，直至整个叶片枯死。

204

图2-219 缺镁的甜瓜叶片表面叶脉之间的叶肉出现大量黄色点状斑

网纹甜瓜畸形瓜

【危害与诊断】 网纹甜瓜形正者为上品,稍微变形,价格上就会大打折扣。常发生的畸形果有长形果、扁形果、棱角果,其次为梨形果、尖顶果(图2-220)。长形果常发生在秋春低温期,扁形果常发生在夏季高温期,棱角果常发生在春初夏期,梨形果和尖顶果常发生在冬春时期。

图2-220 网纹甜瓜畸形瓜

网纹甜瓜裂果

【危害与诊断】 果实成熟期发生裂果最多,在果实先端花蒂部分出现裂伤(图2-221)。伤口大时失去商品价值。伤口小时,常常不易被察觉,带伤上市后,腐败菌从伤口侵入,在流通过程中发生顶腐。如果网纹发生期间在果实侧面发生裂口,症状不明显。如果在果实肥大期发生,则愈伤组织发达,伤口变浅,因此,有时仍可收获上市。

图 2-221 网纹甜瓜裂果

网纹甜瓜无网纹或网纹少

【危害与诊断】 本来是网纹发生优良的品种,却不出现网纹或只在部分果皮上形成网纹(图2-222)。

图2-222 栽培条件恶劣，植株营养不良，则果实表面形成的网纹少

苦瓜肥害

【危害与诊断】叶脉间出现不规则的黄白色至黄褐色斑块，叶片皱缩(图2-223)。

图2-223 发生肥害的苦瓜叶片

佛手瓜肥害

【危害与诊断】 我国栽培的绿皮、白皮两个佛手瓜类型，在出苗后或结瓜期叶片边缘或叶尖出现褪绿斑，叶片变薄，呈水渍状，四周边缘发黄，褪绿部分不断扩展，最后致半叶或全叶干枯、卷曲(图 2-224，图 2-225)。

图 2-224　发生肥害后，叶片边缘或叶尖出现褪绿斑，呈水渍状，四周边缘发黄

图 2-225　褪绿不断扩展，最后致半叶或全叶干枯

208

三、虫害诊断

蚜　虫

危害瓜类蔬菜的主要是瓜蚜(*Aphis gosypii* Glover)，有时桃蚜［*Myzus persicae* (Sulzer)］也会危害。瓜蚜和桃蚜均属同翅目蚜科。

【危害与诊断】 成虫和若虫在瓜叶背面和嫩梢、嫩茎上吸食汁液。嫩叶及生长点被害后，叶片卷缩，生长停滞，甚至全株萎蔫死亡；老叶受害时不卷缩，但提前干枯(图3-1至图3-4)。

瓜蚜：无翅孤雌蚜体长1.5～1.9毫米，夏季多为黄色，春秋季为墨绿色至蓝黑色。有翅孤雌蚜体长2毫米，头、胸黑色。

桃蚜：无翅孤雌蚜体长约2.6毫米，体绿色、黄绿色或樱红色。额瘤发达，向内倾斜，腹管长筒形，端部色深，中后部膨大，末端有明显缢缩。尾片圆锥形，近端部缢缩，有侧毛3对。有翅孤雌蚜头、胸黑色，腹部淡绿色，背面有淡黑色斑纹，额瘤、腹管同无翅蚜。

图3-1　瓜蚜侵害西葫芦叶片，在叶片表面形成一层油污

在温室内悬挂涂有粘性机油的黄色塑料板可诱杀蚜虫,悬挂银灰色薄膜可驱避蚜虫(图3-5,图3-6)。

图 3-2　飞碟瓜受瓜蚜危害状

图 3-3　瓜蚜危害黄瓜

图3-4　桃蚜危害黄瓜生长点和顶部叶片

图3-5 在温室内悬挂涂有粘性机油的黄色塑料板可诱杀蚜虫，这一防治方法称作"黄板诱蚜"

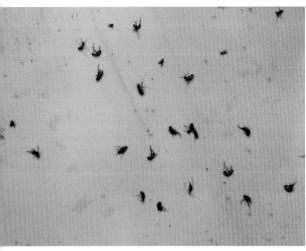

图3-6 黄板诱杀的蚜虫

美洲斑潜蝇

美洲斑潜蝇(*Liriomyza sativae* Blanchard)，属双翅目潜蝇科。

【危害与诊断】 美洲斑潜蝇是一种危害十分严重的检疫性害虫，分布广、传播快、防治难。1994年由国外传入海南省，现已蔓延到全国28个省、市、自治区。成虫吸食叶片汁液，造成近圆形刻点状凹陷(图3-7)。幼虫在叶片的上下表皮之间蛀食，造成弯弯曲曲的隧道，隧道相互交叉，逐渐连成一片，导致叶片光合能力锐减，过早脱落或枯死(图3-8，图3-9)。

　　成虫是2~2.5毫米的蝇子，背黑色(图3-10)。幼虫是无头蛆，乳白至鹅黄色，长 3~4毫米， 粗1~1.5毫米。蛹橙黄色至金黄色，长2.5~3.5毫米(图3-11)。

图 3-7　成虫吸食黄瓜叶片汁液，造成近圆形刻点状凹陷

图3-8　幼虫在黄瓜叶片的上下表皮之间蛀食，造成弯弯曲曲的隧道

212

图3-9　黄瓜苗期即会受害，子叶被幼虫钻出孔道

图3-10　美洲斑潜蝇的成虫（王音提供）

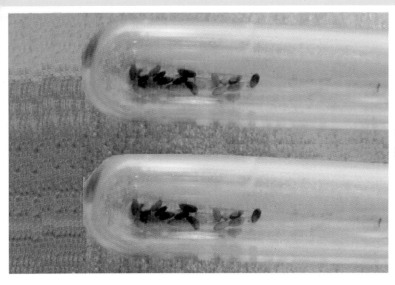

图3-11 美洲
斑潜蝇的蛹

棉铃虫

棉铃虫［*Helicoverpa armigera* (Hübner)］，属鳞翅目夜蛾科。

【危害与诊断】 棉铃虫主要危害茄果类、豆类蔬菜，有时也危害南瓜。幼虫蛀食南瓜的叶片、蕾、花和嫩茎。

成虫体长 14～18 毫米，翅展 30～38 毫米，灰褐色。前翅中有一环纹褐边，中央一褐点，其外侧有一肾纹褐边，中央一深褐色肾形斑；肾纹外侧为褐色宽横带，端区各脉间有黑点；后翅黄白色或淡褐色，端区褐色或黑色(图3-12)。卵直径约0.5毫米，半球形，乳白色，具纵横网络。老熟幼虫体长30～42毫米，体色变化很大，由淡绿至淡红至红褐乃至黑紫色；头部黄褐色，背线、亚背线和气门上线呈深色纵线，气门白色。两根前胸侧毛连线与前胸气门下端相切或相交；体表布满小刺，其底座较大(图 3-13)。蛹长 17～21 毫米，黄褐色；腹部第五至第七节的背面和腹面有7～8排半圆形刻点；臀棘 2 根(图 3-14)。

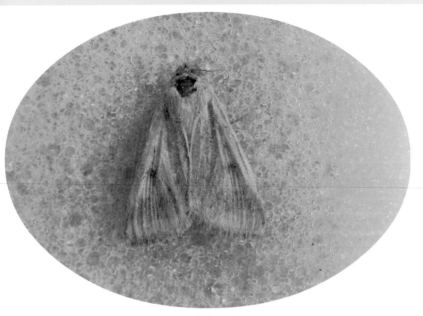

图 3-12　棉铃虫的成虫

图 3-13　棉铃虫的幼虫

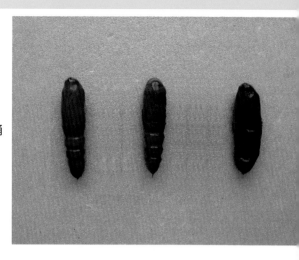

图3-14　棉铃虫的蛹

温室白粉虱

温室白粉虱 [*Trialeurodes vaporariorum* (Wwstwood)]，属同翅目粉虱科。

【危害与诊断】 温室白粉虱在我国存在是典型的生物入侵的结果，最初，我国并没有温室白粉虱，它是随着蔬菜种子和农产品的进口传入我国的。目前，温室白粉虱是保护地栽培中的一种极为普遍的害虫，几乎可危害所有蔬菜，据统计，每年我国用于防治这一害虫的费用高达4.5亿元人民币。温室白粉虱成虫和若虫吸食植物汁液，被害叶片褪绿、变黄、萎蔫，甚至全株死亡(图3-15至图3-19)。此外，尚能分泌大量蜜露，污染叶片和果实，导致煤污病的发生，造成减产并降低蔬菜商品价值。白粉虱亦可传播病毒病。

成虫体长1~1.5毫米，淡黄色，翅面覆盖白蜡粉，俗称"小白蛾子"。翅脉简单，沿翅外缘有1排小颗粒。卵长约0.2毫米，侧面观为长椭圆形，基部有卵柄，从叶背的气孔插入植物组织中。初产时淡绿色，覆有蜡粉，尔后渐变为褐色，至孵化前变为黑色。1

龄若虫体长约0.29毫米，长椭圆形；2龄若虫约0.37毫米，3龄
若虫约0.51毫米，淡绿色或黄绿色，足和触角退化，紧贴在叶片
上；4龄若虫又称伪蛹，体长0.7～0.8毫米，椭圆形，初期体扁
平，逐渐加厚呈蛋糕状（侧面观），中央略高，黄褐色。

可用涂有粘性机油的塑料板诱杀白粉虱(图3-20)。

图3-15　聚集
在黄瓜叶片背
面危害的温室
白粉虱成虫

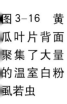

图3-16　黄
瓜叶片背面
聚集了大量
的温室白粉
虱若虫

217

图 3-17　温室白粉虱若虫危害黄瓜叶片背面的同时，在叶片正面相应位置出现小黄点

图 3-18　温室白粉虱成虫危害黄瓜叶片，导致叶面皱缩

图3-19 受温室白粉虱危害的黄瓜植株的叶片大，节间长，叶色浓绿，生长受到抑制

图3-20 用涂有粘性机油的黄板诱杀温室白粉虱

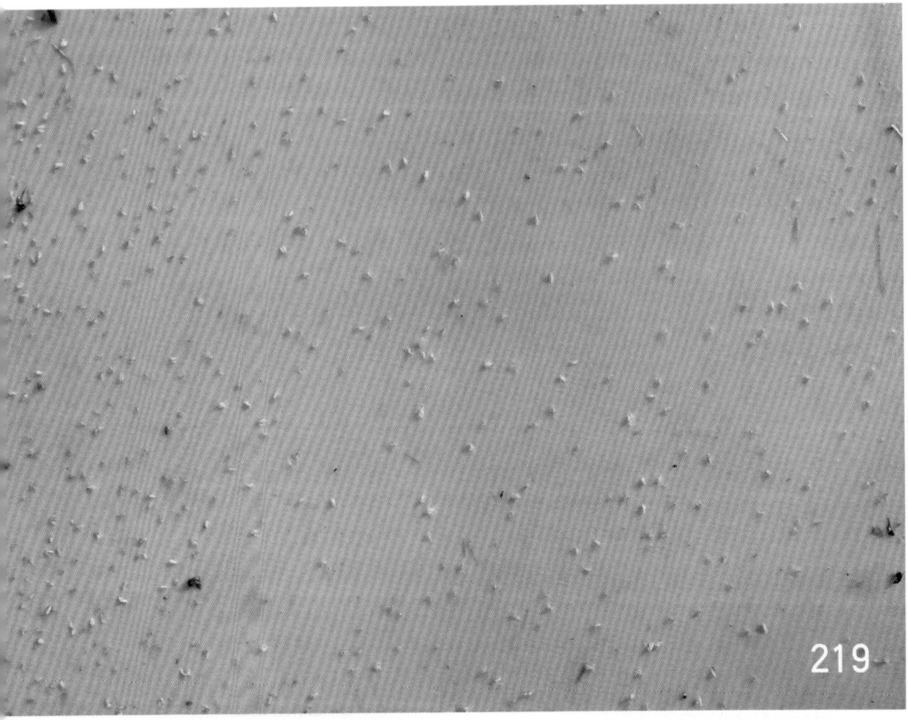

二十八星瓢虫

二十八星瓢虫 [*Henosepilachna vigintioctomaculata* (Motschulsky)]，属鞘翅目瓢虫科。

【危害与诊断】 主要危害茄子、番茄，也危害瓜类和豆类蔬菜。成虫和幼虫在叶片背面或正面剥食叶肉，形成许多独特的不规则的半透明的细凹纹，有时也会将叶吃成空洞或仅留叶脉(图3-21)。严重时整株死亡。被害果实常开裂，内部组织僵硬且有苦味，产量和品质下降。

成虫体长7～8毫米，半球形，赤褐色，体表密生黄褐色细毛。前胸背板前缘凹陷，中央有一较大的剑状斑纹，两侧各有2个黑色小斑 (有时合成1个)；两鞘翅上各有14个黑斑，鞘翅基部3个黑斑和后方的4个黑斑不在一条直线上(图3-22)。卵长 1.4 毫米，纵立，鲜黄色，有纵纹。幼虫体长约9毫米，淡黄褐色，长椭圆状，背面隆起，各节具黑色枝刺(图3-23)。蛹长约6毫米，椭圆形，淡黄色，背面有稀疏细毛及黑色斑纹。尾端包着末龄的蜕皮(图3-24)。

图3-21 葫芦叶片受害状

图3-22　二十八星瓢虫的成虫

图3-23　二十八星瓢虫的幼虫

图3-24 二十八星瓢虫的蛹

地老虎

常见的地老虎有小地老虎(*Agrotis ypsilon* Rottemberg),大地老虎(*Agrotis tokionis* Butler),黄地老虎(*Agrotis segetum* Schiffermüller),均属鳞翅目夜蛾科。

【危害与诊断】 地老虎有小地老虎、黄地老虎和大地老虎三

图3-25 小地老虎的成虫

种。幼虫食性杂,危害多种蔬菜的幼苗。3龄前幼虫仅取食叶片,形成半透明的白斑或小孔,3龄后则咬断嫩茎,常造成严重的缺苗断垄,甚至毁种。

以小地老虎为例。成虫体长16～23毫米,深褐色。前翅暗灰色,内、外横线将翅分为3段,具有显著的环形纹和肾形纹,肾形纹外有1条黑色楔形纹,其尖端与亚外线上的2个楔形纹尖端相对。在内横线外侧、环形纹的下方有5条剑状纹。后翅灰白色(图3-25)。卵半球形,乳白色至灰黑色。老熟幼虫体长37～47毫米,体黑褐色至黄褐色,体表布满颗粒(图3-26)。蛹赤褐色(图3-27)。三种地老虎成虫易于识别,其幼虫形态近似,但最显著的特征是黄地老虎幼虫腹末臀板具有2块黄褐色大斑(图3-28,图3-29,图3-30),而大地老虎幼虫腹末臀板除端部有2根刚毛外,几乎为一整块深褐色斑(图3-31,图3-32,图3-33)。

图3-26　小地老虎的成虫

223

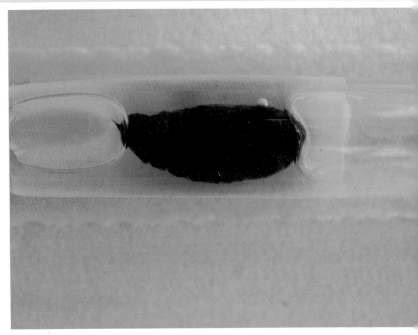

图 3-27　小地老虎的蛹

图 3-28　黄地老虎的幼虫

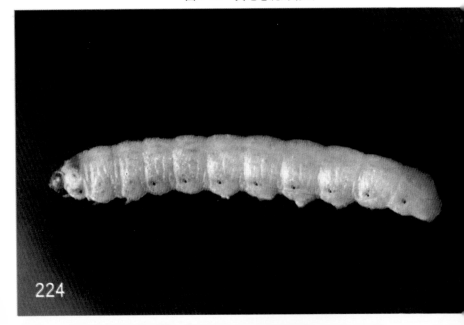

图 3-29　黄地老虎的成虫

图 3-30　黄地老虎的蛹

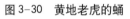

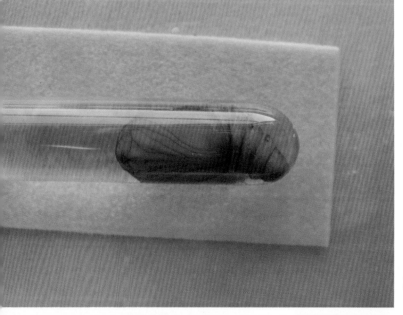

图3-31 大地老虎的幼虫

226

图3-32 大地老虎的成虫

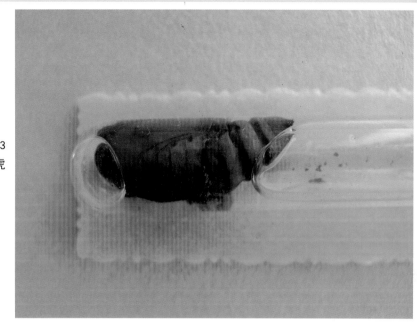

图3-33
大地老虎
的蛹

沟金针虫

沟金针虫(*Pleonomus canaliculatus* Faldemann)，属鞘翅目叩头虫科。

【危害与诊断】 可危害多种蔬菜，以幼虫在土中取食播下的各种蔬菜种子、萌出的幼芽、菜苗的根，使幼苗枯死，造成缺苗断垄，甚至毁种。

成虫体长16~28毫米，浓栗色。雌虫前胸背板呈半球形隆起。雄虫体形较细长，触角12节，丝状，长达鞘翅的末端(图3-34)。卵椭圆形，长径0.7毫米，短径0.6毫米，乳白色。老龄幼虫体长20~30毫米，金黄色，体背有1条细纵沟，尾节深褐色，末端有2分叉(图3-35)。蛹体长15~20毫米，宽3.5~4.5毫米。雄虫蛹略小，末端瘦削，有刺状突起。

图 3-34　沟金针虫的成虫

图 3-35　沟金针虫的幼虫

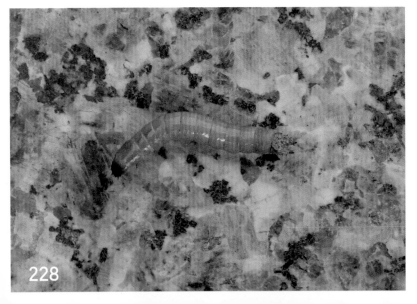

蛴 螬

蛴螬是金龟子幼虫的统称，常见的金龟子有大黑鳃金龟子(*Holotrichia oblita* Faldermann),白星金龟子(*Potosia brevitarsis* Lewis),铜绿丽金龟子(*Anomala corpulenta* Motschulsky),黑茸金龟子(*Maladera orientalis* Motschulsky),均属鞘翅目金龟甲科。

【危害与诊断】 蛴螬(图3-36)是鞘翅目金龟甲科各种金龟子幼虫的统称,俗名白地蚕、白土蚕、蛭虫等。菜田中发生的约30余种,常见的有大黑鳃金龟子、铜绿丽金龟子等(图3-37至图3-41)。蛴螬在国内广泛分布,但以北方发生普遍,危害多种蔬菜。在地下啃食萌发的种子、咬断幼苗根茎,致使全株死亡,严重时造成缺苗断垄。

以大黑鳃金龟子为例,成虫体长16~22毫米,身体黑褐色至黑色,有光泽。鞘翅长椭圆形,每侧有4条明显的纵隆线。前足胫节外侧有3个齿,内侧有1个距。老熟幼虫体长35~45毫米,体乳白色、多皱纹,静止时弯成"C"字形。头部黄褐色或橙黄色。蛹体长 21~23毫米,为裸蛹,头小,体稍弯曲,由黄白色渐变为橙黄色。

图3-36 蛴 螬

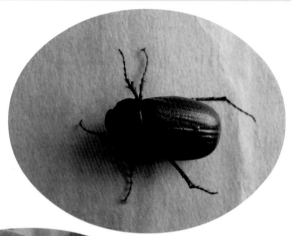

图3-37　大黑鳃金龟子

图3-38　白星金龟子

图3-39　铜绿丽
金龟子

图 3-40　青铜金龟子

图 3-41　黑茸金龟子

细胸金针虫

细胸金针虫(*Agriotes fuscicollis* Miwa)，属鞘翅目叩头虫科。

【危害与诊断】 以幼虫咬食根茎，使蔬菜在苗期干枯死亡。成虫体长9毫米，宽2.5毫米，淡褐色，体表有黄褐色短毛，有光泽。头黑褐色。幼虫长约23毫米，圆筒形，黄褐色，有光泽，尾节呈圆锥形，尖端有红褐色小突起(图3-42)。

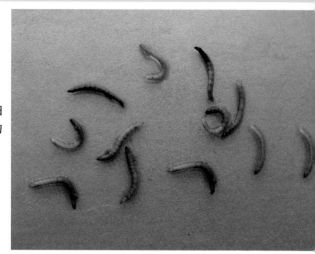

图3-42 细胸金针虫的幼虫

蝼　蛄

非洲蝼蛄(*Gryllotalpa africana* Palisot de Beauvois)，华北蝼蛄(*Gryllotalpa unispina* Saussure)，均属直翅目蝼蛄科。

【危害与诊断】 蝼蛄俗称拉拉蛄、地拉蛄、土狗子、地狗等，属直翅目蝼蛄科。我国菜田中主要有两种：华北蝼蛄和非洲蝼蛄。蝼蛄食性极杂，可危害多种蔬菜，成虫、若虫在土壤中咬食播下的种子和刚出土的幼芽，或咬断幼苗，受害的植株根部呈乱麻状。蝼蛄活动时会将土层钻成许多隆起的隧道，使根系与土壤分离，致使根系失水干枯而死。在温室、大棚内因气温较高，蝼蛄活动早，对苗床的危害更重。

非洲蝼蛄成虫体长30～35毫米，灰褐色，身体瘦小，腹部末端近纺锤形，后足胫节背面内侧有3～4个距(图3-43)。华北蝼蛄成虫体长36～55毫米，身体肥大，黄褐色，腹部末端近圆筒形，后足胫节背面内侧有1个距或消失(图3-44)。非洲蝼蛄若虫共6龄，2～3龄后与成虫的形态；华北蝼蛄若虫共13龄，5～6龄后与成虫的形态。

图 3-43 非洲蝼蛄

图 3-44 华北蝼蛄

网目拟地甲

网目拟地甲(*Opatrum subararum* Faldermann)，属鞘翅目拟步甲科。

【危害与诊断】 成虫和幼虫危害蔬菜幼苗，取食蔬菜的嫩茎和嫩根，影响出苗。幼虫还能钻入根茎、块根和块茎内取食，造成幼苗枯萎。

雌成虫体长7.2～8.6毫米，雄成虫体长6.4～8.7毫米，黑色中略带褐色，一般鞘翅上都附有泥土(图3-45)。幼虫虫体截面为椭圆形，头部较扁。

图3-45 网目拟地甲成虫

白雪灯蛾

白雪灯蛾 [*Spilosoma niveus* (Menetries)]，属鳞翅目灯蛾科。

【危害与诊断】 幼虫食叶，严重时仅留下叶脉，也危害花果(图3-46)。成虫体长约33毫米，翅展55～80毫米，体白色。下唇须基部红色，第三节黑色。触角白色，栉齿黑色。前足基节红色，具黑斑，各足腿节上方红色，前足腿节有黑纹。腹部白色，侧面除基节及端节外有红斑，背面与侧面各有1列黑点。翅白色，无蹦纹(图3-47，图3-48)。幼虫3龄前体浅黄褐色，体背具2排深褐色小点，3、4龄背线黄白色，全体及毛丛褐色。5龄以后体长35毫米，身体红褐色，密被深褐色长毛。蛹体长约30毫米，宽约10毫米，纺锤形，红棕色(图3-49)。

234

图3-46 白雪灯蛾
幼虫危害瓜叶

图 3-47 白雪
灯蛾的成虫

图 3-48 白
雪灯蛾的卵

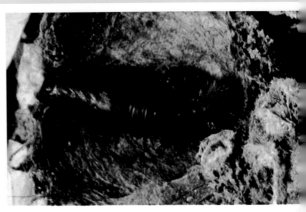

图3-49 白
雪灯蛾的蛹

黄守瓜

黄守瓜 [*Aulacophora femoralis* (Mobchulsky)]，属鞘翅目叶甲科。

【危害与诊断】 主要危害瓜类，也可危害十字花科、茄科、豆科等蔬菜。孵化后幼虫很快潜入土内危害细根，大龄幼虫可蛀入根的木质部和韧皮部之间危害，使整株枯死，也可啃食近地面的瓜肉，引起腐烂。成虫在叶片表面啃食(图3-50)。

成虫体长6~8毫米，橙黄色或橙红色，有时色较深，带棕色。后胸及腹部腹面黑色。前胸背板长方形，中央有1条弯曲的深横沟，两端达侧缘。鞘翅中部之后略阔，翅面布满细密刻点。雌虫腹部膨大，末端尖锥形，露出鞘翅外，腹末节腹面有"V"字形凹陷；雄虫腹末圆锥形，末节腹片中叶长方形。卵近球形，长约1毫米，黄色，卵壳表面布六角形蜂窝状网纹。幼虫老熟时体长11.5~13毫米，长圆筒形，头部棕黄色，胸、腹部黄白色，前胸盾板黄色，腹端臀板长椭圆形，黄色，向后方伸出，上有圆圈状褐色斑纹，并有4条纵行凹纹。尾节腹面有肉质突起，上生微毛。蛹长约9毫米。黄白色，羽化前变淡黑色。头顶、腹部有短刺，腹端有巨刺2根。

图 3-50　黄守瓜危害瓜叶

朱砂叶螨

朱砂叶螨 [*Tetranychus cinnabarinus* (Boisduval)]，属真螨目叶螨科。

【危害与诊断】 主要危害瓜类、茄果类、葱蒜类等多种蔬菜，还危害棉花、果树等，以若螨和成螨在叶背吸取汁液，受害叶片出现灰白色或淡黄色小点，严重时，整个叶片呈灰白色或淡黄色，干枯脱落(图 3-50，图 3-51)。

雌螨体长 417～559 微米，宽 256～330 微米，椭圆形，锈红色或深红色。体两侧各有一黑疏，其外侧 3 裂。背部有针状刚毛 13 对。后半体表皮纹构成菱形。气门沟末端呈 "U" 字形弯曲。足 4 对，爪间突分裂成 3 对针状毛。雄螨体长 365～416 微米，菱形，红色或淡红色。形态特征与雌螨同。阳具弯向背面形成端锤，其近侧突起尖利或稍圆，远侧突起尖利，两者长度几乎相等。卵圆形，直径约 129 微米。橙黄色。

237

图 3-51　受害叶片出现白色或淡黄色小点

图3-52　严重受害叶片呈灰白色或淡黄色

第二部分　瓜类蔬菜病虫害防治

一、侵染性病害防治

黄瓜猝倒病

【发生规律】　病菌腐生性很强,可在土壤中长期存活,以卵孢子和菌丝形式随病残体在12～18厘米的表层土壤中越冬。春季条件适宜时,病菌萌发产生孢子囊,以游动孢子或直接长出芽管侵入寄主。此外,在土壤中营腐生生活的菌丝也可产生孢子囊,以游动孢子侵染瓜苗。病苗上可产生孢子囊和游动孢子,借雨水、灌溉水、带菌粪肥、农具、种子传播。

黄瓜幼苗多在床温较低时发病,土温15℃～16℃时病菌繁殖速度很快。苗床土壤高湿极易诱发此病,浇水后积水窝或棚顶滴水处,往往最先形成发病中心。光照不足,幼苗长势弱、纤细、徒长,抗病力下降,也易发病。幼苗子叶中养分快耗尽而新根尚未扎实之前,幼苗营养供应紧张,抗病力最弱,如果此时遇寒流或连续低温阴雨(雪)天气,苗床保温低,幼苗光合作用弱,呼吸作用增强,消耗加大,致使幼茎细胞伸长,细胞壁变薄,病菌乘机而入,此时就会突发此病。因此,猝倒病多在幼苗长出1～2片真叶前发生,3片真叶后发病较少。

【防治方法】　应采用加强苗床管理为主,药剂防治为辅的综合防治措施。

1. 床土消毒　育苗用营养土应选用无病新土,如使用用过的营养土,要经过消毒后再播种。一种消毒方法是在播种前15天,用福尔马林处理营养土,每立方米床土的用药量为300毫升,稀释100倍喷洒,然后用塑料薄膜将营养土表面盖严,闷3~5天后除去覆盖物,耙松,7~10天后播种。另一种方法是,每平方米苗床用50%拌种双可湿性粉剂或50%多菌灵可湿性粉剂或25%甲霜灵可湿性粉剂或50%福美双可湿性粉剂或五代合剂(用五氯硝基苯、代森锌等量混合)8~10克,拌入10~15千克干细土配成药土,施药时先浇透底水,水渗下后,取1/3药土垫底,播种后用剩下的2/3药土覆盖在种子表面,这样"下铺上盖",种子夹在药土中间,防效明显。在出苗前要保持苗床上层湿润,以免发生药害。

此外,也可在床土中加入重茬调理剂,每667平方米用量为2~3千克;或30%地菌光,每667平方米1~1.5千克。

2. 种子消毒 采用温汤浸种或药剂浸种的方法对种子进行消毒处理,浸种后催芽,催芽不宜过长,以免降低种子发芽能力。或用70%敌克松原粉拌种,用量为种子重量的0.3%,效果也很好。

3. 加强管理 应选择地势较高、地下水位低、排水良好、土质肥沃的地块做苗床。苗床要整平、松细。肥料要充分腐熟,并撒施均匀。苗床内温度应控制在20℃~30℃,地温保持在16℃以上,注意提高地温,降低土壤湿度,防止出现10℃以下的低温和高湿环境。出苗后尽量不浇水,必须浇水时一定选择晴天喷洒,切忌大水漫灌。适量通风,增强光照,促进幼苗健壮生长。

4. 药剂防治 发病前用45%百菌清烟剂熏烟,每667平方米苗床用药500克,密闭苗床熏烟,提早预防病害。苗床病害发生初期,应及时把病苗及邻近病土清除,并在其周围喷洒0.4%的铜铵合剂(铜铵合剂即硫酸铜2份,碳酸氢铵11份,磨成粉末混合放在有盖的玻璃容器或瓷器内密闭24小时后,每千克混合粉加水400升)。

亦可按每平方米苗床用4克敌克松粉剂,加10千克细土混匀,撒于床面。发病初期用根病必治1 000~1 200倍液灌根,同时用72.2%普力克400倍液喷雾效果很好。也可使用新药猝倒必克灌根,效果很好,但注意不要过量,以免发生药害。

平时,注意检查苗床,发现病苗立即拔除,并喷洒25%甲霜灵可湿性粉剂800倍液,或64%杀毒矾可湿性粉剂500倍液,或75%百菌清可湿性粉剂600倍液,或40%乙磷铝可湿性粉剂200倍液,或70%百德富可湿性粉剂600倍液,或70%安泰生(丙森锌)可湿性粉剂500倍液,或69%安克锰锌1000倍液,或72.2%普力克水剂400倍液,或70%代森锰锌可湿性粉剂500倍液,或15%恶霉灵(又名土菌消、土壤散)水剂1000倍液等药剂,每平方米苗床用配好的药液2~3升,每7~10天喷1次,连续2~3次。喷药后,可撒干土或草木灰降低苗床土层湿度。

黄瓜幼苗腐霉根腐病

【发生规律】 参见黄瓜猝倒病。
【防治方法】 参见黄瓜猝倒病。

黄瓜霜霉病

【发生规律】 病原菌为活体专性寄生真菌。孢子囊寿命短,一般仅能存活1~5天,最长20天。在北方寒冷地区,病菌不能在露地越冬,植株枯萎后即死亡。种子不带菌,病菌主要靠气流传播,从叶片气孔侵入。在温暖地区黄瓜周年生产,病原菌在叶片上越冬、越夏,随时侵染。

霜霉病的发生与植株周围的温湿度关系非常密切。该病孢子囊产生的适宜温度为15℃~20℃,萌发的温度为5℃~32℃。病菌侵入叶片的温度范围是10℃~25℃,其中以16℃~22℃最为适宜。

病菌在田间大流行的适宜温度为20℃~24℃。平均温度在20℃~25℃时,3天可发病。夜间温度由20℃降至12℃,叶面的水膜保持 6 小时,病菌即可完成萌发和侵入。这种病在湿度大、温度较低、通风不良时很易发生,发展很快。根据北京农业大学植保系的试验,只要叶片上有水滴或水膜存在,在 15℃条件下,孢子经过 1 个多小时即可萌发,2 小时后病菌即可侵入。若叶片上没有水滴,虽接种亦不发病。形成病斑后,当空气相对湿度为 85%,维持 4 小时以上时,即可大量产生孢子囊,而当相对湿度为 50%~65%时,则不能产生孢子囊。发病快慢与温度关系亦甚密切,从接种到发病的潜育期,在平均温度为 15℃~16℃时为 5 天,17℃~18℃时为 4 天,20℃~25℃时仅 3 天。温度低于 15℃或高于 30℃时其发病受抑制。若叶面上没有水分,什么样的温度下也不会发病。当空气相对湿度达 83%以上,也就是说当叶面有水膜时,即可发病。

从上述数据不难看出,霜霉病发生的温度为 16℃左右,而流行适温为 20℃~24℃,相对湿度在 85%以上,旬平均降水量在 40 毫米以上,尤其伴有连阴雨时更易流行。所以一旦有了中心病株,只需 3~4 次的扩大再侵染,总共不过十余次,即可酿成大灾。因此,防治的关键是尽早发现中心病株或病区。

此病主要危害功能叶、幼嫩叶,老叶受害少。因此,该病主要是由下逐渐向上发展的。

【防治方法】

1. 选用抗病品种 黄瓜品种对霜霉病的抗性差异大,要选较抗病的品种,如津杂 1 号、津杂 2 号、津杂 3 号、津研 4 号、津研 6 号、津研 7 号、夏丰 1 号、早丰 1 号、中农 5 号、碧春等。密刺类型黄瓜不抗病,但早熟、丰产。

2. 农业措施 育苗地与生产地隔离,定植时严格淘汰病苗。露地栽培时,要选择地势较高、排水良好的地块种植。改革耕作方法,改善生态环境,实行地膜覆盖,减少土壤水分蒸发,降低空气湿度,并提高地温。进行膜下暗灌,在晴天上午浇水,严禁阴雨天浇水,防止湿度过大,叶片结露。浇水后及时排除湿气,特别是上午灌水后,立即关闭棚室通风口,使其内温度上升到 33℃,持续 1~1.5

小时,然后通风排湿。待温度低于 25℃,再闭棚升温,至 33℃时,持续 1 小时,再通风。以此降低空气湿度,防止夜间叶面结露。

实行变温管理,将苗床或栽培设施的温湿度控制在适于黄瓜生育,而不利于病害发生的范围内,尽量躲开 15℃～24℃的温度范围。上午将棚室温度控制在 28℃～32℃,最高 35℃,空气相对湿度 60%～70%。具体方法是日出后充分利用早晨阳光,闭棚增温,温度超过 28℃时,开始通风,超过 32℃时加大通风量。下午使温度降至 20℃～25℃,湿度降到 60%,这时的温度虽适合病菌萌发,但湿度低,可抑制病菌的萌发和侵入。在预计夜间温度不低于 14℃时,傍晚可通风 1～3 小时。棚室内夜温低于 12℃时,叶面易结露水,为防止这种现象,日落前适当提早关闭通风口,同时可利用晴天夜间棚室内外气流逆转现象,拂晓将温度降至最低,湿度达到饱和时通风。

施足基肥,生长期不要过多地追施氮肥,以提高植株的抗病性。植株发病常与其体内"碳氮比"失调有关。加强叶片营养,可提高抗病力。按尿素∶葡萄糖(或白糖)∶水=0.5～1∶1∶100 的比例配制溶液,3～5 天喷 1 次,连喷 4 次,防效达 90%左右。生长后期,可向叶面喷施 0.1%尿素加 0.3%磷酸二氢钾,还可喷洒喷施宝,提高抗病力。开花初期,每 667 平方米用增产菌 5 克,幼果期后用 10 克,加适量的水混匀喷雾,可增加植株抗病性。草木灰 1 千克,加水 14 升,浸泡 24 小时。取浸出液喷洒叶片,可使叶片吸收大量钾离子,对植株有刺激作用,可加速根系对氮、磷等物质的吸收,并促进各种养分在植株体内的运转和利用。同时,黄瓜茎叶角质层明显增厚,刺毛变硬,增强了植株本身的保护机能。

3. 药剂防治 黄瓜霜霉病发展极快,药剂防治必须及时。一旦发现中心病株或病区后,应及时摘掉病叶,迅速在其周围进行化学保护。一般每 4～7 天要喷药 1 次,至于两次喷药间隔时间的长短,应按当时降雨和结露情况而定。露重时,间隔期要短。因为霜霉病主要靠气流传播,且只从气孔入侵,幼叶在气孔发育完全之前是不感病的。喷药须细致,叶面、叶背都要喷到,特别是较大的叶面更要多喷。目前防治霜霉病较好的农药有 OS－施特灵,即 0.5%氨基寡糖素水剂,70%乙磷锰锌 500 倍液,72.2%普力克(又名霜霉威)水剂 800 倍液,50%福美双(又名秋兰姆、赛欧散)可湿性粉剂 500 倍液,75%百菌清(又名四氯间苯二腈、Daconil 2787)700倍液,百菌通 500～800 倍液,25%甲霜灵(又名瑞毒霉、雷多米尔、灭霜灵、甲霜安、阿普隆)600 倍液,20%苯霜灵乳油 300 倍液,25%甲霜灵锰锌(又名瑞毒霉锰锌)600 倍液,50%甲霜铜(瑞毒铜)600～700 倍液,40%三乙磷酸铝(又名疫霉灵、乙磷铝、抑霉灵、双向灵、疫霜灵)200～250 倍液,64%杀毒矾(又叫恶霜锰锌,含恶霜灵 8%,代森锰锌 56%,为保护性内吸杀菌剂)400 倍液,70%甲霜铝铜 800 倍液,50%敌菌灵(B－622)500 倍液,或 72%霜克可湿性粉剂 600～800 倍液,50%退菌特可湿性粉剂 500～1 000 倍液,72%克露(又名霜脲·锰锌)可湿性粉剂 750 倍液,80%万路生可湿性粉剂 800～1 000 倍液,50%甲米多可湿性粉剂1 500～2 000 倍液。

霜霉病、细菌性角斑病、细菌性缘枯病、细菌性叶斑病混合发生时,为兼治这四种病,可喷撒酯酮粉尘剂,每 667 平方米用 1 千克,或 60%琥·乙磷铝(又名DTM)可湿性粉剂 500 倍液,或 50%琥胶肥酸铜(又名DT)可湿性粉剂 500 倍液加 25%甲霜灵可湿性粉剂 800 倍液,或用 100 万单位硫酸链霉素配成 150 毫克/升的溶液加 40%三乙磷酸铝 250 倍液防治。

霜霉病、白粉病混合发生时,可用 40%三乙磷酸铝 200 倍液加 15%三唑酮(又名粉锈宁)可湿性粉剂 200 倍液喷洒防治。

霜霉病与炭疽病混合发生时,可选用 40%三乙磷酸铝 200 倍液加 25%多菌灵粉剂 400 倍液,或 25%多菌灵粉剂 400 倍液加75%百菌清可湿性粉剂 600 倍液,或 40%三乙磷酸铝 25 克加70%代森锰锌 20 克,加水 12 升喷洒,防治效率可达 90%。

为避免提高空气湿度,还可喷粉防治。温室或大棚内,苗期和生长前期,发现中心病株后,及时喷 10%防霉灵粉尘,或 5%百菌清粉尘,每 667 平方米用药 1 千克。用丰收 5 型或 10 型喷粉器,早晨或傍晚喷粉。每 8~10 天喷 1 次,共 5~6 次。喷前将通风口关闭,喷后 1 小时通风。

熏烟也是目前防治霜霉病的有效方法,保护地内黄瓜上架后,植株比较高大,喷药较费工,特别是遇阴雨天,霜霉病已经发生,喷雾防治会提高保护地内的空气湿度,防效较差。每 200 立方米温室容积可用 45%百菌清烟雾剂 300~330 克,或 10%百菌清烟剂 900 克,或 75%百菌清粉剂加酒精 130~200 克,傍晚闭棚后熏烟。其方法是,将药分成若干份,均匀分布在设施内。烟雾剂用暗火点,烟柱引信用明火点或暗火点,百菌清粉加酒精用明火点燃,次日早晨通风。一般 7~14 天熏 1 次,共 3~6 次。百菌清烟剂对霜霉病、白粉病、灰霉病均有效。也可用沈阳农业大学研制的烟剂 1 号,每 667 平方米每次 350 克熏烟。

4. 高温闷棚 病情发展到难以用药剂控制时,可采用高温闷棚的方法杀灭病菌。高温闷棚虽然可一次性地将病菌杀死,但危险性大,技术要求高,并且经闷棚之后,病菌虽然被杀死,但所有未坐住的小瓜和雌花,也将脱落,7~10 天内不能正常结瓜,从而造成较大的经济损失,植株的营养消耗也很大,会影响植株长势。因此,一般不提倡高温闷棚。

高温闷棚的做法是,选晴天早上先喷药,尔后浇大水,同时关闭所有通风口,使室内温度升高到 42℃~48℃,持续 2 小时。闭棚时将温度计挂于棚内靠南 1/4 处,高度与黄瓜顶梢相近。每 10 分钟观察 1 次温度,当棚温上升到 42℃开始计时,2 小时后,适当通风,使温度缓慢下降,逐步恢复正常温度,如还不能控制病害,第二天再进行 1 次,病害即可完全控制住。闷棚时,温度不可低于42℃,最高不可高于 48℃,低了效果不明显,高了黄瓜易受伤害。闭棚时要注意观察,生长点以下 3~4 叶上卷,生长点斜向一侧,是正常现象。切勿使龙头灼伤打弯下垂。如温度不能迅速达到

42℃,可棚内洒水,并加明火,促进增温。持续2小时后通风,但通风不可过急。通风过急或通风口过大时,温度骤然下降,会使叶片边缘卷曲变干,影响叶片的同化功能。如在观察时发现顶梢小叶片开始抱团,表明温度过高,应小通风,如顶梢弯曲下垂,时间长会使顶梢被灼伤,一经通风即会干枯死亡。

经高温闷棚后,黄瓜生长受到抑制,要立即追肥,补充营养,可追施速效肥,并向叶面喷施尿素：糖：水=1：1：100的糖氮素溶液,或800倍液蔬菜灵,或0.2％的磷酸二氢钾,促使尽快恢复正常生长。高温闷棚后,可以从病斑及霉层上判断闷棚的效果,病斑呈黄褐色,边缘整齐,干枯,周围叶肉鲜绿色,说明效果很好；如病斑周围仍呈黄绿色,叶背面有霉层,则效果不好,还会继续发病。

5. 益菌保健 用增产菌拌种,并于定植成活后和初花期各喷1次,以后每隔10天喷1次,连续喷2次。每667平方米用药粉5克,可使有益微生物成为优势种群,抑制有害微生物种群,减轻霜霉病,对疫病、菌核病也有明显防效。

黄瓜枯萎病

【发生规律】 病菌主要以菌丝体、厚垣孢子及菌核在土壤和未腐熟的农家肥中越冬,种子、农具、昆虫也可带菌。翌年从根部伤口或根毛顶端细胞间隙侵入,进入维管束,在导管内发育,由下向上发展,堵塞导管并产生毒素,使细胞中毒,植株萎蔫。枯萎病主要以初侵染为主,其发生程度取决于土壤中的初始菌量。地上部的重复侵染主要通过整枝、绑蔓等农事操作完成。

该病菌在土壤中可存活5年以上。土壤积水阴湿,空气相对湿度超过90％时容易发病。病菌发育和侵染的适宜温度为24℃～27℃,最高34℃,最低4℃。土壤温度15℃时,潜育期15天,20℃时9～10天,25℃～30℃时仅4～6天。植株老化,连作,农家肥不腐熟,土壤粘重、干旱、偏酸,容易发病。土壤中有线虫时,会降低黄瓜植株抗病能力,并会造成伤口,有利于枯萎病菌的侵入,所以土壤中线虫多时,枯萎病严重。

【防治方法】

1. 选用抗病品种 目前生产上有一大批高抗枯萎病的黄瓜品种,主要有津研 5 号、津研 6 号、津研 7 号,津杂 1 号、津杂 2 号、津杂 3 号、津杂 4 号、津春 1 号、津春 2 号、津春 3 号、津春 4 号、津春 5 号、津优 1 号、津优 2 号、津优 3 号、中农 5 号、中农 7 号、中农 8 号、中农 13 号、长春密刺,西农 58 号,龙杂黄 1 号、鲁黄瓜 1 号、鲁黄瓜 4 号、鲁黄瓜 10 号等 ,可根据不同情况选用。

2. 种子消毒 从无病果中采种,使用无病种子育苗。如种子有带菌可能,应用 60％防霉宝(多菌灵盐酸盐)超微粉加平平加渗透剂 1 000 倍液浸种 1～2 小时,或 50％多菌灵 500 倍液浸种 1 小时,或福尔马林 150 倍液浸种 1.5 小时,然后用清水冲净,再催芽、播种。

3. 床土消毒 用新土进行护根育苗,如用旧床土育苗要经消毒,每平方米苗床用 50％多菌灵 8 克。定植前要对栽培田进行土壤消毒,每 667 平方米用 50％多菌灵 3 千克,混入细土,撒入定植穴内。

4. 嫁接育苗 利用黑籽南瓜对尖镰孢菌黄瓜专化型免疫的特点,以黑籽南瓜为砧木,以黄瓜品种为接穗,进行嫁接育苗,可有效地防治枯萎病。冬茬栽培,必须选择耐低温、耐弱光、长势强、早熟性好、瓜多、始花节位低、以主蔓结瓜为主的黄瓜品种作接穗。目前生产上应用较普遍的有新泰密刺、长春密刺、冬棚密刺、中农 1101、津春 3 号等品种。

当前生产上应用最普遍的砧木是云南黑籽南瓜。虽然各地都在研究开发代替它的砧木品种,由于受种量、亲合力等多种因素的限制,还未能形成在实际生产上能取代黑籽南瓜的砧木品种。

常用的嫁接方法有靠接法和插接法两种。其中靠接法对技术要求不高,嫁接后对空气湿度的要求也不如其他嫁接方法严格,容易成活,适宜初学者采用。插接法不用固定,省工,速度快,但技术性强,不易掌握,对嫁接后的环境条件要求严格,初学者不易采用。

嫁接后用苇帘或草帘遮荫,前3天遮荫时间长些,以后逐渐增加早晚见光时间,至第八天除去覆盖物。提高湿度,嫁接苗要放置在宽1～1.1米的苗床上,用竹片插成高50～60厘米的拱架,其上覆盖塑料薄膜保湿,嫁接后的1～3天要封严,中午要喷水1次,膜上要有水珠,4天以后,采用靠接法者可以在早晚和夜间打开小拱棚散湿,防止徒长,中午盖好拱棚。在嫁接后4～6天可以喷施营养液,营养液配方为:尿素0.5份,磷酸二氢钾0.3份,糖1份,水100份;或尿素0.5份,糖1份,水100份。温度直接影响嫁接成活率的高低,嫁接苗需要遮荫,而遮荫必然会降低棚内气温和地温,如果嫁接后遇到阴天,温度会更低,这样势必会影响到接口愈伤组织的形成,因此,苗床下最好铺设地热线,满足嫁接后幼苗对温度的要求,提高嫁接成活率。嫁接苗生活在高湿、弱光、温暖的环境中,容易发生病害,因此在保湿的前提下,要注意早晚通风,并于嫁接后第二天至断根的一段时间里用75%百菌清500倍或百菌通400倍液喷雾预防病害发生。断根、除萌蘖,砧木虽然去掉了生长点,嫁接后还会不断长出新叶及侧芽,要不断将其摘除。靠接苗在嫁接后11～12天,于嫁接夹下0.5厘米处用刀片切断黄瓜下胚轴,断根当天中午可适当遮荫,防止萎蔫。断根后进行炼苗,白天以25℃～30℃为宜,不超过30℃不通风,夜晚温度为前半夜15℃以上,后半夜11℃～13℃,有时降至8℃～10℃。控制浇水,增加光照,阴天也尽量揭开草苫见光,保持薄膜清洁,张挂反光幕。待幼苗长出3～4片叶、苗高10～15厘米时即可定植,此时苗龄为30～40天。

5. 农业措施 采用地膜覆盖栽培方式,所用农家肥要充分腐熟。有条件者可与葱韭蒜类蔬菜实行2～3年轮作或水旱轮作;拔除病株于田外烧毁,病株穴内撒多菌灵消毒;深翻晒田灭菌,夏季

5～6月份,瓜拉秧后深耕、灌水,地面铺旧塑料布并压实,使土表温度达 60℃～70℃,5～10 厘米土温达 40℃～50℃,保持 10～15天,有良好效果。浇水时做到小水勤浇,严禁大水漫灌。适当多中耕,促进根系发育,提高植株抗性。

6. 药剂防治   发病初期用 50％多菌灵 500 倍液,或 50％甲基托布津 400 倍液,或 25.9％抗枯宁 500 倍液,或浓度为 100 毫克/升的农抗 120 溶液,或 0.3％硫酸铜溶液,或 50％福美双 500倍液加 96％硫酸铜 1000 倍液,或 5％菌毒清 400 倍液,或 10％双效灵 200～300 倍液,或 800～1500 倍高锰酸钾,或 60％琥·乙磷铝(DTM)350 倍液,或 20％甲基立枯磷乳油 1000 倍液等药剂灌根,每株 0.25 千克,5～7 天 1 次,连灌 2～3 次,灌根时加 0.2％磷酸二氢钾效果更好。用"瑞代合剂"(1 份瑞毒霉、2 份代森锰锌拌匀)140 倍液,于傍晚喷雾,有预防和治疗作用;用 70％敌克松 10克,加面粉 20 克,对水调成糊状,涂抹病茎,可防止病茎开裂。

黄瓜白粉病

【发生规律】   在周年种植黄瓜的地区,病菌以菌丝体或分生孢子在寄主上越冬或越夏,在冬季不种黄瓜的北方地区,病菌以闭囊壳随病残体留在地上越冬,成为翌年的初侵染源。条件适宜时,闭囊壳释放子囊孢子,菌丝体产生分生孢子,借气流传播到寄主叶片上进行侵染。分生孢子的寿命短,在 26℃条件下只能存活 9 小时,30℃以上或－1℃以下很快失去活力。分生孢子先端萌发产生芽管,从表皮侵入,菌丝体附生在叶表面,从萌发到侵入需 24 小时,每天可长出 3～5 根菌丝。5～7 天后可在侵染点周围形成菌落并产生分生孢子,借气流传播造成再侵染。白粉病在条件合适时可进行多次再侵染。分生孢子萌发和侵入的适宜湿度为 90％～95％,无水或低湿度下也能萌发侵入,因此,干旱条件下白粉病仍可严重发生。此外,白粉病发生的温度范围较广,只要有病原菌存在,一般栽培条件下白粉病均可发生。

白粉病在植株生长中、后期容易发生。凡发病早的,后期病情重,损失亦大。而发病期的早晚及严重程度,主要取决于气候条件和栽培管理,与植株的发育阶段关系不大。

【防治方法】

1. 选用抗病品种 目前的主栽品种除密刺类黄瓜易感白粉病外,大多数杂交种对白粉病的抗性均较强。露地主栽品种有津春4号、津春5号、中农4号、中农8号、夏青4号、津研4号等新品种。大棚栽培新品种有津春1号、津春2号、津优1号、津优3号、中农5号、中农7号、龙杂黄5号等。温室栽培可选用津春3号、津优3号、中农13号、农大春光1号、津优2号、鲁黄瓜10号等新品种。

2. 农业措施 避免过量施用氮肥,增施磷、钾肥。棚室栽培时及时通风、降湿。实行轮作,加强管理,清除病残组织。

在棚室内栽培时,种植前,按每100立方米空间用硫黄粉250克、锯末500克,或45%百菌清烟剂250克,分放几处点燃,密封熏蒸1夜,以杀灭整个设施内的病菌。

3. 药剂防治 发病前喷27%高脂膜100倍液保护叶片。发病期间,用50%多菌灵可湿性粉剂800倍液,或75%百菌清可湿性粉剂600～800倍液,或25%的三唑酮(粉锈宁、百里通)可湿性粉剂2 000倍液,或30%特富灵可湿性粉剂1 500～2 000倍液,或70%甲基托布津(甲基硫菌灵)可湿性粉剂1 000倍液,或50%硫黄胶悬剂300倍液,或2%农抗120、2%武夷霉素(BO－1)水剂200倍液,或20%抗霉菌素200倍液,或12.5%速保利2 000倍液,或20%敌硫酮800倍液,或40%多硫悬浮剂(又叫灭病威,是多菌灵与硫黄混合成的广谱杀菌剂)500倍液喷雾防治。百菌清为广谱杀菌剂,有保护和治疗作用。多菌灵、特富灵均具内吸性,为广谱杀菌剂,有保护和治疗作用。三唑酮是内吸性杀菌剂,残效期长达30天,除对白粉病有效外,对炭疽病、黑斑病也有效。

另外，也可用 5％百菌清粉尘，或升华硫黄粉喷粉。特别应提及的是用 0.1％～0.2％的小苏打溶液喷雾防效良好，小苏打为弱碱性物质，可抑制多种真菌的生长蔓延。喷洒后可分解出水和二氧化碳，尚有促进光合作用之效，而且价廉，安全，无污染。

防治白粉病的关键是早预防，减少病源。喷雾要周到，这样既能将药喷匀，使白粉菌孢子胀裂，又不至于因过分提高空气湿度而引起霜霉病。各种药剂交替使用，防止长期单一使用一种药剂而使病菌产生抗药性。

黄瓜炭疽病

【发生规律】　黄瓜炭疽病病菌以菌丝体和拟菌核的形式随病残体遗落在土壤里越冬，菌丝体也可潜伏在种皮内越冬。冬季温室也为病原菌越冬提供了重要场所。翌年春环境条件适宜，越冬后的菌丝体和拟菌核产生大量分生孢子，成为初侵染源。通过种子调运可造成病害的远距离传播，未经消毒的种子播种后，病菌可直接侵染子叶，引发病害。寄主发病后，病部产生分生孢子，借助雨水、灌溉水、农事活动和昆虫进行传播，引起再侵染。

分生孢子萌发适温 22℃～27℃，病菌生长适温 24℃，8℃以下或 30℃以上停止生长。发病最适温为 24℃，潜育期 3 天。低温、高湿适合本病的发生，温度高于 30℃，相对湿度低于 60％，病势发展缓慢。气温在 22℃～24℃，相对湿度 95％以上，叶面有露珠时易发病。土壤粘重，排水不良，偏施氮肥，保护地内光照不足，通风排湿不及时，均可诱发此病。

【防治方法】

1. 选用抗病品种　津杂 1 号，津杂 2 号，中农 1101，中农 5 号，夏丰 1 号、夏丰 2 号等比较抗炭疽病。

2. 种子处理　播前进行温汤浸种或用 50％多菌灵可湿性粉剂 500 倍液浸种 1 小时，用清水洗净后催芽播种。或用 50℃温水浸种 20 分钟、冰醋酸 100 倍液浸种 30 分钟后用清水冲净后催芽。

3. 农业措施 实行高畦覆膜栽培,控制氮肥用量,增施磷、钾肥,喷施植保素,提高植株抗病性。随时清除栽培地的病株残体,减少菌源。要在无露水时进行农事操作,不可碰伤植株,雨后及时排水。保护地栽培黄瓜,上午温度控制在 30℃～33℃,下午和晚上适当通风,把湿度降至 70% 以下,可抑制病害发生。

4. 药剂防治 可用 50% 甲基托布津可湿性粉剂 700 倍液加 75% 百菌清可湿性粉剂 700 倍液,或 50% 苯菌特可湿性粉剂 1 500 倍液,或 80% 炭疽福美可湿性粉剂 800 倍液,或 65% 代森锌可湿性粉剂 600 倍液,或 2% 农抗 120 水剂 200 倍液,或 2% 农抗 BO－10 水剂 200 倍液,或 50% 多菌灵 500 倍液,或 50% 混杀硫 500 倍液,或 50% 克菌丹(又名开普顿、Orthoc)可湿性粉剂 400 倍液,或 77% 可杀得 600 倍液喷雾,7～10 天喷 1 次,连喷 2～3 次。此外,OS－施特灵也具有很好的防治效果,并具有调整植株生长、提高产量和品质的作用。还可用 45% 百菌清烟剂熏烟,每 667 平方米 250 克,7～10 天熏 1 次。或用 5% 百菌清粉尘剂或 10% 克霉灵粉尘剂喷粉,每 667 平方米 1 千克,7～10 天喷 1 次。

黄瓜灰霉病

【发生规律】 病原菌以菌丝体、分生孢子及菌核附着于病残体上或遗留在土壤中越冬。分生孢子在病残体上可存活 4～5 个月。越冬的分生孢子、菌丝体、菌核为翌年初侵染源,病菌靠风雨及农事操作传播,黄瓜结瓜后期是病菌侵染和发病的高峰。病部产生的分生孢子及被害组织落到茎、叶、瓜等处,可引起再感染。该病菌侵染能力较弱,故多由伤口、薄壁组织,尤其易从败花、老叶先端坏死处侵入。高湿(相对湿度 94% 以上)、较低温度(18℃～23℃)、光照不足、植株长势弱时容易发病。气温超过 30℃ 或低于 4℃,相对湿度不足 90% 时,停止蔓延。春季连续阴雨,气温低、湿度大、结露,叶片吐水时间长,通风不及时等情况下发病重。

【防治方法】

1.消除病源　摘除幼瓜顶部的残余花瓣。发现病花、病瓜、病叶时立即摘除并深埋。收获后彻底清除病残组织,带出棚、室外深埋或烧掉。定植前,棚室内的土壤要深翻,将病残体埋入土壤下层,减少越冬病源。重病地,在盛夏休闲期可深翻灌水,并将水面漂浮物捞出深埋或烧掉。

2.农业措施　推广高畦覆盖地膜栽培,密度适中。满架后打掉底部老叶,吊架栽培时打掉老叶后盘蔓。避免大水漫灌,阴天不浇水,防止湿度过大。清除棚室薄膜表面尘土,增强光照,及时通风或铺地膜可以降低田间湿度,减少叶片表面结露和叶缘吐水,可以防止病菌的侵染。灰霉病在气温高于 25℃后发病明显减轻,高于 35℃不发病。因此,白天提高棚室温度可以有效控制灰霉病的发展。此外,由于灰霉病病菌腐生性强,结瓜期植株长势减弱是灰霉病容易侵染的另外一个因素,因此,加强结瓜期的管理,提高植株抗病能力,可以减轻灰霉病的发生。叶面喷施磷酸二氢钾可以诱导植株的抗病能力。

3.药剂防治　发病初期,可选武夷菌素 200 倍液,或 50%扑海因(异菌脲)1 000～1 500 倍液,或 50%福美双 600 倍液,或 50%多菌灵 500 倍液,或 70%代森锰锌 500 倍液,或 65%抗霉威 1 000～1 500 倍液,或 70%甲基硫菌灵 800 倍液,或 75%百菌清 600 倍液,或 50%速克灵(又名二甲菌核利、腐霉利)可湿性粉剂 1 000 倍液,或 50%农利灵可湿性粉剂(又名乙烯菌核利)1 000 倍液,或 65%甲霜灵 1 000 倍液喷雾,每 7～10 天喷洒 1 次,连续喷 2～3 次。其中,农利灵是防治灰霉病的经典药剂,为触杀性杀菌剂,主要干扰病菌细胞核功能,并对细胞膜和细胞壁产生影响,改变膜的透性,使细胞破裂。

此外,生产实践中,乙霉威表现很好,具有保护和治疗作用,能被蔬菜吸收并在体内运转,防效高,持效期长。乙霉威有两种复配剂型,65%硫菌·霉威可湿性粉剂由甲基硫菌灵 52.5%和乙霉威 12.5%混配而成;50%多·霉威可湿性粉剂,由多菌灵 25%和乙霉威 25%混配而成。防治黄瓜灰霉病时,每 667 平方米可用 65%硫菌·霉威 80～125 克,配成 800～1 250 倍液,于黄瓜花期喷药,连喷 3～5 次,每次间隔 7 天。

也可用 45%百菌清烟雾剂,或 10%速克灵烟雾剂熏烟防治,每 667 平方米 250～350 克,分放 5～6 处,傍晚点燃,闭棚过夜,次日早晨通风,隔 6～7 天再熏 1 次。

还可用 10%杀霉灵粉尘,或 10%灭克粉尘,或 5%百菌清粉尘剂喷撒,每 667 平方米 1 千克,7 天喷 1 次。

黄瓜病毒病

【发生规律】

1. 黄瓜花叶病毒病 黄瓜种子不带毒,病毒主要在多年生宿根植物上越冬,由于鸭蹄草、反枝苋、刺儿菜、酸浆等都是桃蚜的越冬寄主,每当春季发芽时,蚜虫开始活动迁飞,就成为传播此病的主要媒介。黄瓜生长期间,除蚜虫传毒外,田间农事操作和汁液接触也可传毒。发病适温 20℃,气温高于 25℃多表现隐性症。病害发生的严重程度与品种的抗病性有关。在杂草多的地块或附近有豆科、十字花科及菠菜、芹菜等蔬菜的地块发病较重。栽培时,早定植的发病轻,晚定植的因结果期正处于高温季节,发病较重。播种后感病时期与蚜虫的迁飞高峰期相遇则发病重。此外,缺肥、缺水和管理粗放时,发病较重。

2. 黄瓜绿斑花叶病毒病 种子和土壤传毒,遇有适宜条件即可进行初侵染,种皮上的病毒可传到子叶上,21 天后致幼嫩叶片显症。此外,该病毒容易通过手、衣物、病毒污染的地块、病毒汁液等借风雨及农事操作进行传播,造成多次再侵染。遇暴风雨或中耕时伤根,是病毒侵染的重要途径,田间温度高时发病重。

【防治方法】

1. 选用抗病品种 中农 7 号、中农 8 号、津春 4 号等品种抗病性较强。

2. 种子处理 播种前进行种子消毒,将种子用 10%的磷酸三钠溶液浸种 20 分钟,然后用清水冲洗后再播种。或将干燥的种子置于 70℃恒温箱内干热处理 72 小时。

3. 农业措施 培育壮苗,及时追肥、浇水,防止植株早衰。在整枝、绑蔓、摘瓜时要先"健"后"病",分批作业。接触过病株的手和工具,要用肥皂水洗净。清除田间杂草,消灭毒源,切断传播途径。

4. 防治蚜虫 从苗期开始喷药防蚜,可喷 20%灭扫利乳油 3 000 倍液,或 2.5%功夫乳油 3 000 倍液,或 40%氰戊菊酯 6 000 倍液,重点喷展开的大叶片的背面和嫩叶等蚜虫隐蔽处。亦可采用物理防蚜,如覆盖银灰色避蚜纱网或挂银灰色尼龙膜条避蚜,或进行"黄板诱蚜"(在棚室内悬挂黄色木板或纸板,其上涂抹机油,吸引蚜虫并将其粘住)。露地栽培时,6 月底至 7 月初进入雨季后,蚜虫即不能再造成严重危害。

5. 药剂防治 目前尚无防治病毒病的理想药剂,可试用以下 3 类阻止剂。

一是病毒钝化物质,如豆浆、牛奶等高蛋白物质,清水稀释 100~200 倍液喷于黄瓜植株上,可减弱病毒的侵染能力,钝化病毒。

二是保护物质,例如褐藻酸钠(又名海带胶)、高脂膜(又名棕榈醇、月桂醇)等喷于植株上形成一层保护膜,阻止和减弱病毒的侵入,但不会影响蔬菜的生长,也不会产生抗药性。每 667 平方米可用 27%高脂膜乳剂 500 克加水 75~100 升,混匀喷雾,每 7 天 1 次,共喷 2~3 次。

三是增抗物质,被植株吸收后能阻抗病毒在植株体内的运转和增殖。可喷施 NS-83 增抗剂(又名混合脂肪酸)100 倍液,共喷 3 次,定植前 15 天 1 次,定植前 2 天 1 次,定植后再喷 1 次,可钝化

TMV 病毒。也可用病毒 A 可湿性粉剂 500 倍液,或 0.5% 抗毒剂 1 号水剂 300 倍液,或 20% 病毒净 500 倍液,或 1.5% 的植病灵乳剂 1 000 倍液。还可喷病毒快克、病毒 KⅡ、病毒宁等药剂,每隔 5～7 天喷 1 次,连续 2～3 次。

黄瓜斑点病

【发生规律】 病菌以菌丝体和分生孢子器随病残体在土壤中越冬。靠雨水溅射或灌溉水传播,侵染植株下部叶片,4～5 月份温暖、多雨天气易发病。连作、通风不良、湿度高等条件下发病重。

【防治方法】

1. 农业措施 实行轮作,加强管理,雨后及时排除积水。保护地栽培时,浇水后要通风降湿。

2. 药剂防治 发病初期开始喷洒 70% 甲基托布津可湿性粉剂 1 000 倍液加 75% 百菌清可湿性粉剂 1 000 倍液,或 70% 代高乐可湿性粉剂 800～1 200 倍液,或 50% 退菌特可湿性粉剂 500～1 000 倍液,或 75% 百菌清可湿性粉剂 600 倍液,或 40% 杜邦福星乳油 1 000 倍液,或 80% 万路生可湿性粉剂(重庆永川渝西化工厂产)800～1 000 倍液,每隔 7 天 1 次,连喷 2～3 次。

黄瓜蔓枯病

【发生规律】 病菌主要以分生孢子器或子囊壳随病残体在土壤中越冬,也可附着在棚室架材上越冬,借助风雨传播,从植株伤口、气孔或水孔侵入。种子能带菌传病。病菌喜温暖和高湿条件,20℃～25℃,相对湿度 85% 以上,土壤湿度大时易发病。茎基部发病与土壤水分有关,土壤湿度大或田间积水,易发病。保护地通风不良、种植过密、连作、植株脱肥、长势弱、光照不足、空气湿度高或浇水过多、氮肥过量或肥料不足,均能加重病情。

【防治方法】

1. 种子消毒 用 55℃温水浸种 15 分钟,或 40％福尔马林 100 倍液浸种 30 分钟,浸后用清水冲洗,尔后催芽、播种。

2. 农业措施 实行 2～3 年轮作。施足基肥,适时追肥,防止植株早衰。雨后及时排水。保护地注意通风排湿,收获后彻底清除田间病残体,随之深翻。高畦定植,覆盖地膜,膜下浇水。发病初期要认真彻底清除病叶、病蔓。

3. 药剂防治 发病初期,可喷布 75％百菌清可湿性粉剂 600 倍液,或 50％托布津可湿性粉剂 500 倍液,或 80％代森锌可湿性粉剂 800 倍液,或 70％代森锰锌可湿性粉剂 500 倍液,或 50％混杀硫悬浮剂 500 倍液,50％多硫胶悬剂 500 倍液,或 36％甲基硫菌灵胶悬剂 400 倍液,每 7～10 天喷 1 次,连喷 2～3 次。另外,发病初期在茎蔓基部或嫁接口出现的病斑,可用"920"稀释液(稀释倍数视含有效成分而定)涂抹,疗效很好。

黄瓜黑星病

【发生规律】 病菌以菌丝体附着在病株残体上,在田间、土壤、棚架上越冬,成为翌年侵染源,也可以分生孢子附在种子表面或以菌丝体潜伏在种皮内越冬,成为远距离传播的主要来源。病菌主要靠雨水、气流和农事操作在田间传播。病菌从叶片、果实、茎表皮直接侵入,或从气孔和伤口侵入,在棚室内的潜育期一般为 3～10 天,在露地为 9～10 天。黄瓜黑星病发病与栽培条件和栽培品种关系密切。该病菌在相对湿度 93％以上,日均温在 15℃～30℃之间较易产生分生孢子,并要求有水滴和营养。因此,当棚内最低温度在 10℃以上,下午 6 时到次日上午 10 时空气相对湿度高于 90％,且棚顶及植株叶面结露时,该病容易发生和流行。温室黄瓜一般在 2 月中下旬就开始发病,到 5 月份以后气温高时病害依然发生。

【防治方法】

1. 加强检疫　未发病地区应严禁从疫区调入带菌种子,制种单位应注意从无病种株上采种,防止病害传播蔓延。

2. 选用抗病品种　品种之间对黑星病的抗性存在明显差异,天津黄瓜研究所培育的津春 1 号高抗黑星病兼抗细菌性角斑病等多种病害,可在黑星病多发区推广。也可选用叶三、白头翁、津春1 号、中农 7 号、中农 13 号、吉杂 2 号等抗黑星病品种。此外,农大14、长春密刺对黑星病也有一定的抗性。

3. 种子消毒　试验证明,来自不同地区的黄瓜种子,黑星病的带菌率不同,播种前应对种子进行消毒,消毒方法是:用 55℃～60℃温水浸种 15 分钟,或 50%多菌灵可湿性粉剂 500 倍液浸种20 分钟,尔后冲净催芽。直播时可用 50%多菌灵拌种,用药量为种子重量 0.3%,可获得较好的防治效果。

4. 农业措施　定植前用烟雾剂熏蒸棚室(此时棚室内无蔬菜),杀死棚内残留病菌。生产上常用硫黄熏蒸消毒,每 100 立方米空间用硫黄 0.25 千克、锯末 0.5 千克混合后分几堆点燃熏蒸 1夜。

黑星病属低温高湿病害,早春大棚及冬季温室经常发生。栽培时应注意升高棚室温度,采取地膜覆盖及滴灌等节水技术,及时通风,以降低棚内湿度,缩短叶片表面结露时间,可以控制黑星病的发生。

5. 药剂防治　黑星病的防治要及时,一旦发现中心病株要及时拔除,及时喷药防治,如果错过防治的最佳时机,一旦病害蔓延,就会给防治带来困难。发病前用 10%百菌清烟剂预防,每 667 平方米用药剂 250～300 克,根据天气情况,每隔 7～10 天施药 1 次,连施 3 次。如果发病后开始熏烟,效果差。发病初期可用 50%多菌灵可湿性粉剂 500 倍液,或 50%苯菌灵可湿性粉剂 1 000 倍液,或75%甲基托布津 600 倍液,或 2%农抗 BO－10 水剂 200 倍液,或50%甲米多可湿性粉剂 1 500～2 000 倍液,或 70%代高乐可湿性

粉剂 800～1 200 倍液,或 40％杜邦福星 800～1 000 倍液,或 50％
退菌特可湿性粉剂 500～1 000 倍液,或克星丹 500 倍液进行叶面
喷雾,每 7 天 1 次,连续防治 3～4 次。

黄瓜褐斑病

【发生规律】 黄瓜种子带菌率不高,但从南瓜种子上可以分
离到较多病菌,因此,黄瓜与南瓜嫁接时,南瓜种子所带病菌也能
成为初侵菌源。病田中,病菌以分生孢子丛或菌丝体随病残体在土
壤中越冬,翌年产生分生孢子,借气流或雨水飞溅传播,进行初次
侵染,初侵染后形成的病斑所生成的分生孢子借风雨向周围蔓延。
分生孢子传播多在白天进行,上午 10 时至下午 2 时为传播盛期。
温、湿条件适宜,病菌很快侵入,潜育期一般 6～7 天。一个生长季
节病菌可进行多次再侵染,使病害日益加重。在 25℃～28℃、饱和
相对湿度下发病重,昼夜温差大会加重病情。植株衰弱,偏施氮肥,
微量元素硼缺乏时发病重,磷、钾肥有减轻病情的作用。

【防治方法】

1. 种子消毒 黄瓜与南瓜嫁接时,要注意南瓜种子也要不带
菌。可用 55℃温水浸泡黄瓜种子和嫁接用的黑籽南瓜种子 30 分
钟进行种子消毒。

2. 农业措施 发病田应与非瓜类作物进行 2 年以上轮作。彻
底清除田间病残株并随之深翻土壤,以减少田间初侵菌源。施足基
肥,适时追肥,避免偏施氮肥,增施磷、钾肥,适量施用硼肥。防止黄
瓜植株早衰。浇水后注意通风排湿。发病初期摘除病叶。

3. 药剂防治 发病初期及时喷 75％百菌清 500 倍液,或
70％代森锰锌 500 倍液,或 50％福美双加 65％代森锌可湿性粉
剂 500 倍液,或 75％百菌清加 70％多菌灵(1∶1)500 倍液,或
75％百菌清加 50％速克灵(1∶1)1 000 倍液。

黄瓜煤污病

【发生规律】 病菌以菌丝体和分生孢子在病叶上或在土壤内及植物残体上越冬,环境条件适宜时产生分生孢子,借风雨及蚜虫、介壳虫、白粉虱等传播蔓延。后又在病部产出分生孢子,成熟后脱落,进行再侵染。光照弱、湿度大的棚室发病重,多从植株下部叶片开始发病。高温高湿,遇雨或连阴雨天,特别是阵雨转晴,或气温高、田间湿度大利于分生孢子的产生和萌发,易导致病害流行。

【防治方法】

1. **环境调控** 保护地栽培时,注意改善棚室小气候,提高其透光性和保温性。露地栽培时,注意雨后及时排水,防止湿气滞留。

2. **防治害虫** 及时防治介壳虫、白粉虱等害虫。

3. **药剂防治** 发病初期,及时喷洒 50％甲基硫菌灵·硫黄悬浮剂 800 倍液,或 40％大富丹可湿性粉剂 500 倍液,或 50％苯菌灵可湿性粉剂 1 000 倍液,或 40％多菌灵胶悬剂 600 倍液,或 50％多霉灵(多菌灵加万霉灵)可湿性粉剂 1 500 倍液,或 65％甲霜灵可湿性粉剂 500 倍液,每隔 7 天左右喷药 1 次,视病情防治 2～3次。采收前 3 天停止用药。

黄瓜疫病

【发生规律】 病菌主要以菌丝体、卵孢子及厚垣孢子随病残体在土壤或粪肥中越冬,成为翌年的初侵染源。条件适宜时长出孢子囊,借风、雨、灌溉水传播蔓延。孢子囊成熟后在有水条件下,释放大量游动孢子,游动孢子可产生芽管,侵入寄主。在 25℃～30℃条件下,潜育期 24 小时。病斑上产生的孢子囊及游动孢子可借水流传播,进行再侵染。

发病适温为 28℃～30℃,土壤水分是影响此病流行程度的重要因素。夏季温度高、雨量大、雨日多的年份疫病容易流行,危害严重。此外,地势低洼、排水不良、连作等易发病。设施栽培时,春夏之交,打开温室前部通风口后,容易迅速发病,

【防治方法】

1. 选用抗病品种　如津春 3 号、津杂 3 号、津杂 4 号、中农 1101、龙杂黄 5 号、早丰 2 号等。

2. 嫁接育苗　选用云南黑籽南瓜作砧木,进行嫁接育苗。

3. 种子消毒和土壤消毒　种子消毒的有效方法是用 25% 甲霜灵可湿性粉剂 800 倍液浸种 30 分钟,而后催芽、播种。苗床或棚室土壤消毒的方法是,每平方米苗床用 25% 甲霜灵可湿性粉剂 8 克与土拌匀撒在苗床上;保护地于定植前用 25% 甲霜灵可湿性粉剂 750 倍液喷淋地面。

4. 农业措施　培育壮苗,采用高畦栽培,覆盖地膜,减少病菌对植株的侵染机会。合理施肥,增施磷、钾肥。定植后适当控水,避免大水漫灌,避免湿度过高。露地栽培时,雨季要及时排出田间积水。发现中心病株后及时拔除。

5. 药剂防治　防治露地黄瓜疫病的关键是在雨季到来前 1 周开始喷药,每 7 天 1 次,连喷 3 次,可选用的药剂有 64% 的杀毒矾 600 倍液,25% 甲霜灵可湿性粉剂 1 000 倍液,叶霉杀星 1 200～1 600 倍液,58% 甲霜灵锰锌可湿性粉剂 500 倍液,50% 甲霜铜可湿性粉剂 600 倍液,64% 杀毒矾可湿性粉剂 500 倍液,72.2% 普力克水剂 600～700 倍液。实践表明,在发病前用 70% 代森锰锌可湿性粉剂 500 倍液或 1∶0.8∶200 倍的波尔多液喷雾保护,防效很好。

此外,也可用 25% 甲霜灵可湿性粉剂 800 倍液,或 64% 杀毒矾可湿性粉剂 800 倍液,或 58% 甲霜灵锰锌可湿性粉剂 800 倍液,或 40% 增效瑞毒霉 500 倍液,或 55% 多效瑞毒霉 500 倍液灌根,5～7 天 1 次,一般连灌 3 次,每株灌根用药液 250～500 克。

黄瓜细菌性角斑病

【发生规律】 病菌附着在种子内外,或随病株残体在土壤中越冬,成为翌年初侵染源,病菌存活期1～2年。借助雨水、灌溉水或农事操作传播,通过气孔或伤口侵入植株。用带菌种子播种后,种子萌发时即侵染子叶,病菌从伤口侵入的潜育期常较从气孔侵入的潜育期短,一般2～5天。发病后通过风雨、昆虫和人的接触传播,进行多次重复侵染。棚室栽培时,空气湿度大,黄瓜叶面常结露,病部菌脓可随叶缘吐水及棚顶落下的水珠飞溅传播蔓延,反复侵染。露地栽培时,随雨季到来及田间浇水,病情扩展,北方露地黄瓜7月中下旬为发病高峰期。

此病发病适温24℃～28℃,最高39℃,最低4℃。在49℃～50℃的环境中,10分钟即会死亡。相对湿度在80%以上,叶面有水膜时极易发病。因此,此病属低温、高湿病害。病斑大小与湿度有关,夜间饱和湿度持续超过6小时者,病斑大。湿度低于85%,或饱和湿度时间少于3小时,病斑小。昼夜温差大,结露重,而且时间长时,发病重。

【防治方法】

1. 选用抗病品种 津春1号对细菌性角斑病有较强的抗性,适合温室大棚栽培。中农13号、龙杂黄5号等对细菌性角斑病的抗性也较强。

2. 种子消毒 选无病瓜留种,并进行种子消毒。可用55℃温水浸种15分钟,或冰醋酸100倍液浸30分钟,或40%福尔马林150倍液浸种1.5小时,或次氯酸钙300倍液浸种30～60分钟,或100万单位农用链霉素500倍液浸种2小时,用清水洗净药液后催芽播种。也可将干燥的种子放入70℃温箱中干热灭菌72小时。

3. 农业措施 用无病菌土壤育苗,与非瓜类蔬菜实行2年以上轮作。生长期及收获后清除病残组织,带到田外深埋。保护地栽培时要注意避免形成高温高湿条件,覆盖地膜,膜下浇水,小水勤浇,避免大水漫灌,降低田间湿度。上午黄瓜叶片上的水膜消失后再进行各种农事操作。避免造成伤口。

4. 药剂防治 发现病叶及时摘除,尔后喷洒 30％琥胶肥酸铜(二元酸铜 DT)可湿性粉剂 500 倍液,或 60％琥·乙磷铝(DTM)可湿性粉剂 500 倍液,或 14％络氨铜水剂 300 倍液,或 50％甲霜铜(瑞毒铜)可湿性粉剂 600 倍液,或 2％春雷霉素(开斯明、春日霉素、克死霉)水剂 400～750 倍液,或 77％可杀得可湿性微粒剂 400 倍液,或 40％细菌灵(CT)1 片、加水 2.5 升,或 70％百菌通 500～600 倍液,或 72％农用链霉素可溶性粉剂 3 000 倍液,或新植霉素 4 000 倍液,或 47％加瑞农 500 倍液,或喷 50％琥胶肥酸铜可湿性粉剂 500 倍液,或 1∶2∶300 波尔多液,或 1∶4∶600 的铜皂液,或 30％细菌杀星 600～800 倍液,或高锰酸钾 800～1 000 倍水溶液。

琥胶肥酸铜为淡蓝色固体粉末,无臭无味,微溶于水,对热、紫外线和空气稳定,对人、畜低毒。具内吸性,是广谱性保护剂,并有治疗作用,对黄瓜细菌性角斑病、辣椒疮痂病等细菌性病害有特效。对霜霉病、白粉病、炭疽病、腐霉菌、疫霉菌等病菌效果也好。但应注意,瓜苗对该药较敏感,施药浓度不宜过大。

黄瓜细菌性叶枯病

【发生规律】 通过种子带菌传播,也可随病残体在土壤中越冬,从幼苗子叶或真叶水孔及伤口处侵入。叶片染病后,病菌在细胞内繁殖,而后进入维管束,传播蔓延。保护地内温度高,湿度大,叶面结露,叶缘吐水,利于病害发生。

【防治方法】 参照黄瓜细菌性角斑病的防治方法。

黄瓜细菌性缘枯病

【发生规律】 病原菌在种子上或随病残体留在土壤中越冬,成为翌年初侵染源。病菌从叶缘水孔、皮孔等自然孔口侵入,靠风雨、田间操作传播蔓延和重复侵染。此病的发生主要受降雨引起的湿度变化及叶面结露影响,我国北方大棚由于昼夜温差较大,且不能及时通风,容易使棚室内湿度偏高,每到夜里随气温下降,湿度不断上升至70%以上或饱和,且长达7~8小时,这时笼罩在棚里的水蒸气,遇露点温度,就会凝降到黄瓜叶片或茎上,致使叶面结露,这种饱和状态持续时间越长,细菌性缘枯病的水浸状病斑出现越多,有时在病部可见菌脓,经扩大蔓延,而引起病害流行。与此同时黄瓜叶缘吐水为该菌活动及侵入和蔓延提供了有利条件。

【防治方法】

1. 种子消毒 用 55℃ 温水浸种 15 分钟,也可用 40% 福尔马林 150 倍液浸种 1.5 小时,或次氯酸钙 300 倍液浸种 30 分钟,或 100 万单位硫酸链霉素 500 倍液浸种 2 小时,然后用清水冲洗,催芽播种。

2. 农业措施 与非瓜类作物实行 2~3 年轮作,增施磷、钾肥,提高黄瓜植株抗病性。保护地栽培时,覆盖地膜,实行膜下浇水,加强通风排湿,降低湿度,防止叶面结露,或尽量缩短叶面结露时间,可控制病害发生。

3. 药剂防治 可喷 72% 农用硫酸链霉素可溶性粉剂 4 000 倍液,或 60% DTM 可湿性粉剂 500 倍液,或 77% 可杀得可湿性微粒粉剂 400 倍液,或 50% 甲霜铜可湿性粉剂 600 倍液,或 25% 络氨铜水剂 500 倍液,或 50% DT 杀菌剂 500 倍液,或 60% 百菌通可湿性粉剂 500 倍液。5~7 天 1 次,连续喷 3~4 次。也可用沈阳农业大学研制的烟剂 5 号,每 667 平方米每次用 350 克熏烟。

黄瓜叶斑病

【发生规律】 病菌以菌丝体或分生孢子在病残体及种子上越冬,翌年产生分生孢子借气流及雨水传播,从气孔侵入,发病后7~10天产生新的分生孢子进行再侵染。多雨季节此病易发生和流行。

【防治方法】

1. 农业措施 与非瓜类蔬菜实行2年以上轮作。使用无病种子,播种前进行种子消毒,用55℃温水浸种15分钟后再催芽、播种。

2. 药剂防治 发病初期及时喷洒50%混杀硫悬浮剂500~600倍液,或50%多·硫悬浮剂600~700倍液等药剂,每5~7天1次,连续防治2~3次。保护地可用45%百菌清烟剂熏烟,每667平方米每次200~250克,或喷撒5%百菌清粉尘剂,每667平方米每次1千克,隔7~9天1次,视病情防治1次或2次。

南瓜白粉病

【发生规律】 病菌以闭囊壳随病残体越冬,翌春借风和雨水传播。可在保护地瓜类蔬菜上周而复始地传播侵染。在高温高湿(相对湿度80%以上)或干旱环境条件下,植株长势弱、密度大时发病重。

【防治方法】

1. 设施消毒 棚室栽培时,种植前,按每100立方米空间用硫黄粉250克、锯末500克,或45%百菌清烟剂250克,分放几处点燃,密闭棚室熏蒸1夜,以杀灭整个设施内的病菌。

2. 药剂防治 发病前喷27%高脂膜100倍液保护叶片。发病期间,及时选用50%多菌灵可湿性粉剂800倍液,或75%百菌清可湿性粉剂 600～800 倍液,或 25％的三唑酮(粉锈宁、百里通)可湿性粉剂 2 000 倍液,或 30％特富灵可湿性粉剂 1 500～2 000 倍液,或 70％甲基托布津(甲基硫菌灵)可湿性粉剂 1 000 倍液,或 50％硫黄胶悬剂 300 倍液,或 2％农抗 120、2％武夷霉素(BO－1)水剂 200 倍液,或 20％抗霉菌素 200 倍液,或 12.5％速保利 2 000 倍液,或 20％敌硫酮 800 倍液,或 40％多硫悬浮剂(又叫灭病威,是多菌灵与硫黄混合成的广谱杀菌剂)500 倍液喷雾防治。百菌清为广谱杀菌剂,有保护和治疗作用。多菌灵、特富灵均具内吸性,为广谱杀菌剂,有保护和治疗作用。三唑酮是内吸性杀菌剂,残效期长达 30 天,是目前防治白粉病最常用的药剂,除对白粉病有效外,对炭疽病、黑斑病也有一定的防治效果。

另外,也可用 5％百菌清粉尘,或升华硫黄粉喷粉。特别应提及的是用 0.1％～0.2％的小苏打溶液喷雾防效良好,小苏打为弱碱性物质,可抑制多种真菌的生长蔓延。喷洒后可分解出水和二氧化碳,尚有促进光合作用之效,而且价廉、安全、无污染。

南瓜病毒病

【发生规律】 病毒在菜田多种寄主上越冬,种子也能带毒。借蚜虫及汁液摩擦传毒,露地栽培的南瓜一般从 6 月初开始发病,高温干燥的气候条件利于病害流行。

【防治方法】 参照黄瓜病毒病防治方法。

南瓜炭疽病

【发生规律】 主要以菌丝体或拟菌核在种子上或随病残株在田间越冬,翌年条件适宜时,产生大量分生孢子,成为初侵染源。病菌分生孢子通过雨水传播,孢子萌发适温 22℃～27℃,病菌生长适温 24℃,8℃以下,30℃以上即停止生长。

【防治方法】

1. 农业措施 重病地与非瓜类蔬菜进行3年以上轮作。使用从无病株采收的种子。一般种子要进行消毒,可用55℃温水浸种15分钟,或用福尔马林100倍液浸种30分钟,充分水洗后播种。用无病土育苗。高畦覆地膜栽培。施足基肥,增施磷、钾肥。适当控制灌水,雨后排水。及早摘除初期病瓜、病叶,减少田间菌源。绑蔓、采收等农事操作,应在露水干后进行,以免人为传播病菌。收获后彻底清除田间病残体,并深埋或烧毁。

2. 药剂防治 发病初期及时进行药剂防治。药剂可选用75%百菌清可湿性粉剂500倍液,或50%多菌灵可湿性粉剂500倍液,或70%甲基托布津可湿性粉剂800倍液,或50%混杀硫悬浮剂500倍液,或2%农抗120水剂200倍液,或2%武夷霉素水剂200倍液,或80%炭疽福美可湿性粉剂800倍液,或50%利得可湿性粉剂1 000倍液,或80%大生可湿性粉剂800倍液,或25%施保克乳油4 000倍液喷雾。

南瓜蔓枯病

【发生规律】 病菌以分生孢子器、子囊壳随病残体或在种子上越冬,通过雨水或灌溉水传播。翌年,病菌穿透表皮直接侵入幼苗,对老的组织或果实多由伤口侵入,在南瓜果实上也可由气孔侵入。适于菌丝体生长和孢子萌发的温度为24℃~28℃,在此温度范围内孢子萌发率高,高于28℃发病率明显下降,在8℃~24℃范围内,孢子发芽率随温度升高而增加。24℃产孢量最高,低于8℃、高于32℃均不产孢,在8℃~24℃范围内,随温度升高,产孢量增加,高于24℃,产孢量明显下降。当温度18℃~25℃,相对湿度85%以上,通风不良,或土壤含水量过大,或植株徒长,或植株生长衰弱时,发病重。

【防治方法】

1. 种子消毒　用 55℃温水浸种 20 分钟后,立即投入冷水中冷却,再催芽播种。

2. 农业措施　与非瓜类蔬菜实行 2～3 年轮作。及时清除病残体,并将其带到田外销毁。加强温、湿度管理,对温室栽培的南瓜,管理上应以增温、排湿、通风透气为主 ,并施足腐熟的农家肥。采用高畦覆盖地膜的栽培方式,在地膜下浇暗水。采用配方施肥技术,后期要追施氮磷钾复合肥。

3. 药剂防治　发病初期,先将茎蔓部病斑轻刮,尔后用"920"溶液(浓度视含有效成分定),或百菌清悬浮剂 50 倍液,或 50%甲基硫菌灵・硫黄悬浮剂 50 倍液涂抹患部。发病初期喷 75%百菌清可湿性粉剂 600 倍液,或 50%混杀硫悬浮剂 500～600 倍液,或40%新星乳油 7 000 倍液,或 56%靠山水分散微颗粒剂 600～800倍液,或 47%加瑞农可湿性粉剂 700 倍液,或甲基托布津 1 000 倍液,或 50%多硫胶悬剂 400 倍液,掌握在发病初期全田用药,隔3～4 天后再喷 1 次,以后视病情变化决定是否用药。保护地栽培时,还可选 5%黑霉粉尘剂每 667 平方米 1 千克喷粉。

南瓜斑点病

【发生规律】　病菌以分生孢子器或菌丝体随病残体遗落在土中越冬,翌春以分生孢子进行初侵染和再侵染,借雨水溅射传播。该病在华南始见于 5 月份后的高温多湿季节,北方多于 4～5 月份在温室内发病,栽培密度大时发病较重,露地栽培时多在 8～9 月份发病。高温高湿的气候是发病的重要条件,地势低洼或株间郁闭通透性差发病重。

【防治方法】

1. 农业措施　露地栽培时,雨季及时排水,避免田间积水。适时整枝打杈,打掉底部老叶,注意改善株间通透性。保护地栽培时,采用覆盖地膜的栽培方式,实行膜下浇水,及时通风,排除湿气。

2. **药剂防治** 发病初期及时喷洒70%甲基托布津可湿性粉剂800倍液加75%百菌清可湿性粉剂800倍液,或50%敌菌灵可湿性粉剂400～500倍液,或50%扑海因可湿性粉剂1 500倍液,每7～10天1次,连续防治2～3次。

南瓜霜霉病

【发生规律】 南瓜叶片病斑背面的气孔处生分生孢子梗,分生孢子梗的顶端呈树枝状分枝,形成分生孢子。分生孢子遇到水滴便萌发出芽管,放出游动孢子。当游动孢子落到其他叶片上,便可再侵染。各种栽培形式的南瓜,当叶片上有水滴,气温达到20℃～25℃时,任何时候都可以发生。连续降雨或大棚湿度大时发病的可能性增大,一旦发生,病情发展十分迅速。

【防治方法】 参见黄瓜霜霉病防治方法。

南瓜黑星病

【发生规律】 病菌以菌丝体或分生孢子丛在种子或病残体上越冬,翌春分生孢子萌发进行初侵染和再侵染,借气流和雨水传播蔓延。病菌生长发育温度范围为2℃～35℃,适温20℃～22℃。湿度大,夜温低可加重病情。

【防治方法】

1. **种子消毒** 选留无病种子,做到从无病棚、无病株上留种。播种前用50%多菌灵可湿性粉剂500倍液浸种30分钟,用水冲净后再催芽;或用0.3%的50%多菌灵可湿性粉剂拌种。

2. **农业措施** 覆盖地膜,采用滴灌等节水技术,轮作倒茬,重病棚(田)应与非瓜类作物实现轮作。加强栽培管理,尤其定植后至结瓜期控制浇水十分重要。保护地栽培,尽可能采用生态防治方法,尤其要注意温湿度管理,采用通风排湿、控制灌水等措施降低棚内湿度,缩短叶面结露时间,抑制病菌萌发和侵入,白天将温度控制在 28℃～30℃,夜间 15℃,相对湿度低于 90%。在中温低湿(平均温度 21℃～25℃)、湿度高于 90% 的时间不超过 8 小时的情况下,病情减轻。

3. 药剂防治　发病初期喷药防治,可选用的药剂有 50%多菌灵可湿性粉剂 800 倍液加 70%代森锰锌可湿性粉剂 800 倍液,或 2%武夷菌素(BO－10)水剂 150 倍液加 50%多菌灵可湿性粉剂 600 倍液,或 50%杀菌王水溶性粉剂 1 000 倍液,或 80%多菌灵可湿性粉剂 600 倍液,或 36%甲基硫菌灵悬浮剂 500 倍液,或 50%苯菌灵可湿性粉剂 1 000 倍液,或 40%福星(新星)乳油 3 000～3 500 倍液,或 80%新万生 500 倍液,或 50%凯克星可湿性粉剂 500～600 倍液,每 667 平方米喷药液 60 升,每 7～10 天喷药 1 次,连喷 2～3 次。保护地栽培时,可喷撒 5%防黑星粉尘剂,每 667 平方米 1 千克,每隔 7～10 天 1 次,连续防治 3～4 次。

目前,有些地区黑星病对多菌灵等药剂产生了抗药性,有抗药性地区可选用 40%杜邦新星(福星)乳油 3 000～3 500 倍液,于发病初期开始施用,隔 15 天左右 1 次,连续防治 2～3 次。采收前 5 天停止用药。

南瓜疫病

【发生规律】　在北方寒冷地区,病菌以卵孢子在病残体上和土壤中越冬,种子上不能越冬,菌丝体因耐寒性差也不能成为初侵染源;在南方温暖地区,病菌主要以卵孢子、厚垣孢子在病残体或土壤及种子上越冬,其中土壤中病残体带菌率高,是主要初侵染源。条件适宜时,越冬后的病菌经雨水飞溅或灌溉水传到茎基部或近地面果实上,引发病害。重复侵染主要来自病部产生的孢子囊,借雨水传播。温度 25℃～30℃、相对湿度高于 85% 时,发病重。一般雨季或大雨后天气突然转晴,气温急剧上升,病害易流行。空气相对湿度95％以上,持续4～6小时,病菌即完成侵染,2～3天就可完成1代。

有人研究表明,露地南瓜发病初见期,与5～6月份连续降雨天数、最高雨量、降雨期间平均温度、最高温度等四项气象要素密切相关。即连续降雨5天以上,最高雨量30毫米以上,降雨期间平均温度22℃以上,最高温度25℃以上,在此降雨过程后的10～15天,田间可见南瓜疫病发生。连作地、排水不良、定植过密、通风差、施用未腐熟有机肥的田块,发病较重。

【防治方法】

1. 农业措施　选用友谊1号抗疫病、枯萎病品种或饭瓜(番瓜)等早熟品种,或多伦大矮瓜、大瓜、矮瓜等抗逆性强的品种。避免连作,可与非茄科、非葫芦科蔬菜等轮作3～4年以上。采用深沟高畦、地膜覆盖种植。施用酵素菌沤制的堆肥和促丰宝复合液肥,采用配方施肥技术,减少化肥施用量,提高抗病力。雨前停止浇水,雨后及时排除积水,严防田间湿度过高或湿气滞留。及时拔除病株,深埋或烧毁。

2. 种子消毒　种子可用1％硫酸铜液浸种25分钟后催芽。

3. 药剂防治　田间发现中心病株后,须抓准时机,喷洒与浇灌并举,无论是否发病,应在雨季到来之前5～7天施药。及时喷洒和浇灌50％甲霜铜可湿性粉剂800倍液,或61％乙磷·锰锌可湿性粉剂500倍液,或72.2％普力克水剂600～800倍液,或58％甲霜灵·锰锌可湿性粉剂400～500倍液,或64％杀毒矾可湿性粉剂500倍液,或60％琥·乙磷铝(DTM)可湿性粉剂500倍液,或47％加瑞农可湿性粉剂600～800倍液,或56％靠山水分散微颗粒剂600～800倍液,或72％克露可湿性粉剂600倍液,或27％铜高尚悬浮剂600倍液,或18％甲霜胺锰锌可湿性粉剂600倍液。每7天1次。此外,夏季高温雨季浇水前,每667平方米撒96％以上的硫酸铜3千克,尔后浇水。采收前3天停止用药。

在对 72％克露、克霜氰、克抗灵（霜脲锰锌）、58％瑞毒霉锰锌产生抗药性的地区，可改用 70％安泰生可湿性粉剂 600 倍液，或69％安克锰锌可湿性粉剂 1 000 倍液喷雾，防效很好。

西葫芦灰霉病

【发生规律】 病菌以菌丝体、分生孢子及菌核附着于病残体上，或遗留在土壤中越冬。分生孢子在病残体上可存活 4～5 个月。越冬的分生孢子、菌丝体、菌核为翌年初侵染源，靠风雨及农事操作传播，通过茎、叶、花、果的表皮直接侵入植株。该病菌侵染能力弱，故多由伤口、薄壁组织，尤其易从开败的花、老叶先端坏死处侵入。高湿（相对湿度 94％以上）、温度较低（18℃～23℃）、光照不足、植株长势弱时，容易发病。气温超过 30℃或低于 4℃，相对湿度不足 90％时，停止蔓延。春季连续阴雨，气温低、湿度大、叶面结露、通风不及时等情况下发病重。

【防治方法】

1. 农业措施 注意清洁田园，及时摘除枯黄叶、病叶、病花和病瓜，当灰霉病零星发生时，立即摘除染病组织，带出田外或温室大棚外集中深埋处理。露地栽培时，适当控制浇水，雨后及时排水，减少田间相对湿度。保护地栽培时，要以控制温度、降低湿度为中心进行生态防治。要求西葫芦叶面不结露或结露时间尽量最短，所以大棚应选用透光性好的薄膜扣棚，实行高畦栽培，覆盖地膜，控制浇水，降低湿度，设法增加光照等。

2. 药剂防治 花期结合使用防落素等植物生长调节剂蘸花，在配制好的防落素溶液中，按 0.1％的比例加入 50％速克灵可湿性粉剂或 50％扑海因可湿性粉剂或 50％多菌灵可湿性粉剂等。发病初期，选用 40％施佳乐悬浮剂 800～1 200 倍液，或 50％速克灵可湿性粉剂 1 000 倍液，或 75％百菌清可湿性粉剂 600 倍液，或50％苯菌灵可湿性粉剂 1 000 倍液，或 65％抗霉威可湿性粉剂

1 000 倍液等喷雾,重点防治部位是西葫芦的花和瓜条,也可以在发病之前用上述药剂对幼瓜和花局部喷药。

保护地栽培时,还可用 10%速克灵烟剂,或 45%百菌清烟剂,按每 667 平方米 200～250 克的剂量熏烟。也可用 5%百菌清粉尘剂,或 10%灭克粉尘剂,或 10%杀霉灵粉尘剂,按每 667 平方米 1 千克的剂量喷粉防治。烟剂、粉尘剂应于傍晚关闭棚室前施用,第二天通风。

喷洒药液、施用烟剂、喷施粉尘剂可单独施用,也可交替施用,以各种药剂交替施用为最好。两次用药间隔一般为 7 天左右,具体施药间隔时间、次数视病情而定。

西葫芦病毒病

【发生规律】 黄瓜花叶病毒和甜瓜花叶病毒均可在宿根性杂草、菠菜、芹菜等寄主上越冬,通过汁液摩擦和蚜虫传毒侵染。此外,黄瓜花叶病毒还可通过西葫芦的种子带毒传播蔓延。在高温干旱、日照强的条件下容易发病。缺水、缺肥、杂草多或不能适期定植、管理粗放的田块发病重。

【防治方法】

1. 选用抗病品种并进行种子消毒 选用潍早 1 号、美国黑美丽、阿尔及利亚西葫芦、奇山 2 号、灰采尼、早青 1 代、天津 25、邯郸西葫芦、东北 0706 角瓜等品种,这些品种抗病毒能力较强。播种前用浓度为 10%的磷酸三钠溶液浸种 20 分钟,水洗后催芽、播种。

2. 培育壮苗,适时定植 加强育苗期间的管理,早春育苗要保证床温,促使幼苗健壮生长。适期早定植,定植时淘汰病苗和弱苗。夏秋季育苗要防止苗床温度过高,应及时浇水降温防止干旱,或在苗床上覆盖遮阳网遮光降温。注意防治苗床蚜虫,以防蚜虫传染病毒。

3. 加强肥水管理　施足底肥,适时追肥,注意磷、钾肥的配合施用,促进根系发育,增强植株抗病性。注意浇水,防止干旱。

4. 药剂防治　一方面应积极防治蚜虫,在蚜虫迁飞前将其消灭。另一方面于发病初期喷20%病毒克星400倍液,或1.5%植病灵乳油1 000倍液,或20%病毒A可湿性粉剂500倍液等药剂,每7～10天喷1次,连喷3～4次。

西葫芦白粉病

【发生规律】　病菌以闭囊壳随病残体越冬,或在保护地瓜类蔬菜上周而复始地传播侵染。通过叶片表皮侵入植株,借助气流或灌溉水传播。在高温干旱或高温高湿条件下都易发病。植株长势弱、密度大时发病重。

【防治方法】
1. 农业措施　选用抗病品种,预防高温干旱或高温高湿。
2. 药剂防治　喷施20%粉锈宁乳油2 000倍液,或者喷施2%农抗120水剂200倍液。

西葫芦细菌性叶枯病

【发生规律】　病菌在土壤中存活能力非常有限,主要通过种子带菌传播蔓延。此病在我国东北、内蒙古均有发生,保护地常比露地发病重。

【防治方法】　参见黄瓜细菌性角斑病防治方法。

飞碟瓜白粉病

【发生规律】　病菌在种子或基质上越冬,通过叶片表皮侵入植株,借助气流或灌溉传播。在高温干旱或高温高湿条件下都易发病。

【防治方法】

1. 农业措施 预防高温干旱或高温高湿。

2. 药剂防治 喷施 20%粉锈宁乳油 2 000 倍液,或者喷施 2%农抗 120 水剂 200 倍液。

飞碟瓜病毒病

【发生规律】 主要靠蚜虫传毒。此外,带毒种子也会成为侵染源。高温干旱、管理粗放、杂草多、不能适时定植、灌排水不合理致使土壤板结等情况都能加重病情。

【防治方法】

1. 农业措施 施足底肥,适时追肥,注意氮、磷、钾肥的配合使用,提高植株的抗逆性。田间操作时,应注意在对得病植株进行整枝、打杈、绑蔓等操作后,要用肥皂水洗手,而后才能接触健康植株,否则就会将病毒带到健康植株上。

2. 防治蚜虫 积极防治蚜虫,在蚜虫迁飞前将其消灭,减少蚜虫传毒。

3. 药剂防治 发病初期喷 20%病毒克星 400 倍液,或 20%病毒 A 可湿性粉剂 500 倍液,或 1.5%植病灵乳剂 1 000 倍液等,每 10 天 1 次,连续防治 3~4 次。

飞碟瓜灰霉病

【发生规律】 病菌在土壤中越冬,通过茎、叶、花、果的表皮直接侵入植株,借助灌溉水、育苗及田间操作传播。植株郁闭、通风不良、空气湿度高时易发病。

【防治方法】 参见西葫芦灰霉病防治方法。

丝瓜病毒病

【发生规律】 病毒在蔬菜田间多种寄主上越冬,靠桃蚜和棉蚜等进行非持久性传毒,也可借病毒汁液摩擦传播蔓延。种子带毒也会传播病毒病。

【防治方法】

1. 选用抗病品种 选用夏棠 1 号、天河夏丝瓜、3 号丝瓜、长度丝瓜、短度丝瓜等耐热品种可减轻发病。

2. 防治害虫 及时防治蚜虫、温室白粉虱等传毒媒介。

3. 种子消毒 可用 10％磷酸三钠、氢氧化钠、高锰酸钾等在播种前浸种 20～30 分钟,浸种后用清水清洗,尔后播种。

4. 药剂防治 苗期是病毒病的易发期,应在嫁接前向叶面喷 83－增抗剂,增强丝瓜苗的抗病毒能力。苗期用 20％病毒 A 500 倍液加 1.5％植病灵 1 000 倍液喷雾,每 5～7 天 1 次,连喷 3～5 次。发病初期定期叶面喷病毒 A、抗毒剂 1 号、病毒灵、植病灵等药剂。

丝瓜细菌性角斑病

【发生规律】 病原菌在种子内、外或随病残体在土壤中越冬,成为翌年初侵染源。病菌从叶片或果实伤口、自然孔口侵入,进入胚乳组织或胚根的外皮层,造成种子内带菌。此外,采种时与病瓜接触而受到污染的种子会在种子外带菌,且可在种子上存活 1 年。土壤中病残体上的病菌可存活 3～4 个月。生产上如果播种带菌种子,出苗后子叶发病,病菌在细胞间繁殖,病部溢出的菌脓,借雨下落,或结露及叶缘吐水滴落,飞溅传播蔓延,进行多次重复侵染。露地栽培时,在蹲苗结束后,随雨季到来和田间浇水开始,始见发病,病菌靠气流或雨水逐渐扩展开来,一直延续到结瓜盛期,后随气温下降,病情缓和。发病温度范围为 10℃～30℃,适温 24℃～28℃,适宜相对湿度 70%以上。病斑大小与湿度相关,夜间饱和湿度持续时间长于 6 小时,叶片上病斑大且典型,湿度低于 85%,或饱和湿度持续时间不足 3 小时,病斑小;昼夜温差大,结露重且持续时间长,发病重。有时,只要有少量菌源即可引起该病发生和流行。

【防治方法】

1. 选用抗病品种 选用夏棠 1 号、天河夏丝瓜等抗角斑病的品种。

2. 种子消毒 从无病瓜上留种,播种前将种子放入 70℃恒温箱,干热灭菌 72 小时;或用 50℃温水浸种 20 分钟,捞出晾干后催芽、播种。还可用次氯酸钠 300 倍液,浸种 30～60 分钟,或 40%福尔马林 150 倍液浸 1.5 小时,或 100 万单位硫酸链霉素 500 倍液浸种 2 小时,冲洗干净后催芽、播种。

3. 农业措施 用无病营养土育苗,与非瓜类作物实行 2 年以上轮作,加强田间管理,生长期及时清除病叶并深埋,收获后及时拉秧,烧毁或深埋。

4. 药剂防治 发病初期喷撒 5%百菌清粉尘剂,每 667 平方米 1 千克。露地推广避雨栽培,开展预防性药剂防治,于发病初期或蔓延开始期喷洒 72%农用硫酸链霉素 4 000 倍液,或新植霉素 4 000 倍液,或 27%铜高尚悬浮剂 600 倍液,或 12%绿乳铜乳油 600 倍液,或 53.8%可杀得 2 000 干悬浮剂 1 000 倍液。霜霉病、细菌性角斑病混发时可喷洒 60%琥·乙磷铝 500 倍液,或 70%乙·锰可湿性粉剂 500 倍液,或 72%霜脲锰锌可湿性粉剂 800 倍液,每 667 平方米喷药液 60～70 升,采收前 5 天停止用药。

丝瓜霜霉病

【发生规律】 南方周年种植丝瓜的地区,病菌在病叶上越冬或越夏。北方病菌孢子囊主要是借季风从南方或邻近地区吹来。进行初侵染和再侵染。结瓜期阴雨连绵或湿度大发病重。

【防治方法】 选用抗病品种。加强田间管理,增施农家肥,提高抗病力。发病初期开始喷洒杀菌剂。具体方法参见黄瓜霜霉病。

丝瓜白斑病

【发生规律】 病菌以菌丝体或分生孢子在病残体及种子上越冬,翌年产生分生孢子借气流及雨水传播,经 5～6 小时结露才能从气孔侵入,经 7～10 天发病后产生新的分生孢子进行再侵染。多雨季节此病易发生和流行。

【防治方法】

1. 种子消毒 选用无病种子,或用 2 年以上的陈种播种。种子用 55℃温水恒温浸种 15 分钟。

2. 药剂防治 发病初期及时喷洒 50%多霉威可湿性粉剂 1 000 倍液,或 50%苯菌灵可湿性粉剂 1 000 倍液,或 60%防霉宝超微可湿性粉剂 800 倍液,50%甲基硫菌灵·硫黄悬浮剂 800 倍液,每 667 平方米喷药液 50 升,隔 10 天左右 1 次,连续防治 2～3 次。采收前 5 天停止用药。

丝瓜轮纹斑病

【发生规律】 病菌以菌丝体和分生孢子器在病残体上越冬,翌年条件适宜时,分生孢子器内释放出分生孢子,通过风雨在田间传播蔓延。孢子萌发后从叶片侵入,气温 27℃～28℃,湿度大或湿度与温度变化大时易发病。

【防治方法】

1. 农业措施 选用绿旺、3 号丝瓜、短度水瓜等耐湿品种。选择高燥地块种植,加强管理,提高抗病力。注意及时防治守瓜类、椿象类害虫,防止从伤口侵入。雨后及时排水,防止湿气滞留。

2. 药剂防治 发病初期喷洒27%铜高尚悬浮剂600倍液,或36%甲基硫菌灵悬浮剂500倍液加75%百菌清可湿性粉剂1 000倍液,或50%苯菌灵可湿性粉剂1 000倍液,隔7～10天1次,连续防治2～3次。采收前7天停止用药。

西瓜斑点病

【发生规律】 病菌以菌丝体和分生孢子随病残体在土中或附着在种子上越冬,借助气流、雨水传播,从气孔侵入。高温多雨天气容易发病和流行。连作、高湿地块发病重。

【防治方法】 参照甜瓜斑点病防治方法。

西瓜病毒病

【发生规律】 黄瓜绿斑花叶病毒只侵染葫芦科植物,带毒种子及染病植株是初侵染源。蚜虫(瓜蚜、桃蚜)是主要传播媒介,人工整枝、打杈等农事活动也会传毒。高温、干旱、阳光强烈的气候条件下易发病。缺肥、生长势弱的瓜田发病重。

【防治方法】

1. 种子消毒 播种前用10%磷酸三钠溶液浸种20分钟,然后催芽、播种。

2. 农业措施 施足基肥,合理追肥,增施钾肥,及时浇水防止干旱,合理整枝,提高植株抗病力。注意铲除瓜田内及周围杂草,及时拔除病株。在进行整枝、授粉等田间操作时,要注意尽量减少对植株的损伤。打杈选晴天,在阳光下进行,使伤口尽快干缩。

3. 消灭蚜虫 用菊酯类农药消灭蚜虫。

4. 药剂防治 发病初期,喷洒20%病毒A可湿性粉剂500倍液,或1.5%植病灵1 000倍液,或抗毒剂1号300倍液,或

NS—83 增抗剂 100 倍液等,每 10 天喷 1 次,连喷 3~4 次。

西瓜蔓枯病

【发生规律】 病菌以分生孢子器、子囊壳形态附在病株茎叶上越冬,翌年由此飞散出孢子,成为侵染源。育苗时期即可发病,尤其是在高温多雨的湿润状态条件下病害蔓延迅猛。

【防治方法】

1. 农业措施 避免连作,选择光照充足、通风良好、便于排水的地块栽培。移栽无病株后,用秸秆加以覆盖。防止过湿,要及时摘除底部老叶,以便通风透光。病株的茎叶清理后应烧毁。

2. 药剂防治 发病初期,可喷布 75% 百菌清可湿性粉剂 600 倍液,或 50% 托布津可湿性粉剂 500 倍液,或 80% 代森锌可湿性粉剂 800 倍液,或 70% 代森锰锌可湿性粉剂 500 倍液,或 50% 混杀硫悬浮剂 500 倍液,或 50% 多硫胶悬剂 500 倍液,或 36% 甲基硫菌灵胶悬剂 400 倍液。每 7~10 天喷 1 次,连治 2~3 次。另外,对于发病初期在茎蔓基部或嫁接口出现的病斑,可用"920"稀释液(稀释倍数视含有效成分而定)涂抹,防效很好。

西瓜枯萎病

【发生规律】 病原菌在土壤中越冬,从根顶端附近的细胞间隙侵入,边增殖边到达中心柱产生毒素,堵塞导管,破坏根组织,阻碍水分通过。病原菌在土壤中生存数年,可在杂草周围增殖,经种子侵染。当地温达到 20℃ 以上时,可在大棚、小拱棚栽培引发病害,露地栽培时发病稍晚些。连续降雨后,天气晴朗,气温迅速上升时,发病迅速。

【防治方法】

1. 农业措施 避免连作,改善排水。酸性土壤要多施石灰。发病地块的茎叶要同覆盖用秸秆一同烧毁。利用葫芦和南瓜砧木嫁接栽培,可以彻底防治枯萎病。

2. 种子消毒　从无病果中采种。如种子有带菌可能,应用60%防霉宝(多菌灵盐酸盐)超微粉加平平加渗透剂1 000倍液浸种1~2小时,或50%多菌灵500倍液浸种1小时,或福尔马林150倍液浸种1.5小时,然后用清水冲净,再催芽、播种。

3. 土壤消毒　用新土进行护根育苗,如用旧床土育苗要经消毒,每平方米苗床用50%多菌灵8克。定植前要对栽培田进行土壤消毒,每667平方米用50%多菌灵3千克,混入细土,撒入定植穴内。保护地栽培时,可在夏季休闲期每667平方米用稻草或麦草1 000千克,切段撒于地面,再施石灰氮或石灰100千克,然后翻耕、灌水、铺膜、封棚,闷15~20天,使地表温度达70℃,10厘米地温达60℃,可有效地杀灭枯萎病菌及线虫。

4. 药剂防治　发病初期用50%多菌灵500倍液,或50%甲基托布津400倍液,或25.9%抗枯宁500倍液,或浓度为100毫克/千克的农抗120溶液,或0.3%硫酸铜溶液,或50%福美双500倍液加96%硫酸铜1 000倍液,或5%菌毒清400倍液,或10%双效灵200~300倍液,或800~1 500倍高锰酸钾,或60%琥·乙磷铝(DTM)350倍液,或20%甲基立枯磷乳油1 000倍液等药剂灌根,每株0.25升灌根,5~7天1次,连灌2~3次。用瑞代合剂(1份瑞毒霉、2份代森锰锌拌匀)140倍液,于傍晚喷雾,有预防和治疗作用。用70%敌克松10克,加面粉20克,对水调成糊状,涂抹病茎,可防止病茎开裂。也可每667平方米用饼肥100千克,腐熟后穴施。

西瓜炭疽病

【发生规律】　病菌以菌丝体或拟菌核随病残体在土壤中越冬。翌年遇到适宜条件产生分生孢子梗和分生孢子,落到植株或西瓜上发病。种子可带菌,病菌能在种子上存活 2 年,播种带菌种子,出苗后子叶受侵染。西瓜染病后,病部又产出大量分生孢子,借风雨及灌溉水传播,进行重复侵染。气温 10℃～30℃ 均可发病,气温 20℃～24℃、相对湿度 90%～95% 适宜发病。气温高于 28℃、湿度低于 54%、发病轻或不发病。地势低洼、排水不良、氮肥过多、通风不良、重茬种植发病重。从重病田或在雨后收获的西瓜,在贮运过程中也发病。

【防治方法】

1. 种子消毒 选用无病种子,播种前进行种子消毒,方法是用 55℃ 温水浸种 15 分钟后冷却,或用 40% 福尔马林 150 倍液浸种 30 分钟后用清水冲洗干净,再放入冷水中浸 5 小时。西瓜品种间对福尔马林敏感程度各异,应先试验,避免产生药害。也可用 20% 种衣剂对瓜种包衣。

2. 农业措施 采用配方施肥,施用充分腐熟的农家肥。选择沙质土,注意平整土地,防止积水,雨后及时排水,合理密植,及时清除田间杂草。

3. 药剂防治 保护地栽培时,可采用烟雾法或粉尘法。保护地和露地在发病初期喷洒 50% 甲基硫菌灵可湿性粉剂 800 倍液加 75% 百菌清可湿性粉剂 800 倍液,或 50% 多菌灵可湿性粉剂 800 倍液加 75% 百菌清可湿性粉剂 800 倍液,或 36% 甲基硫菌灵悬浮剂 500 倍液,或 80% 炭疽福美可湿性粉剂 800 倍液,或 2% 抗霉菌素(120)水剂 200 倍液,或 2% 武夷菌素(BO—10)水剂 150 倍液,隔 7～10 天 1 次,连续防治 2～3 次。

西瓜疫病

【发生规律】 病菌以菌丝体或卵孢子随病残体在土壤中或粪肥里越冬,翌年产生分生孢子随气流、雨水或灌溉水传播,种子虽可带菌,但带菌率不高,湿度大时,病斑上产生孢子囊及游动孢子进行再侵染。发病温度 5℃～37℃,最适温度 20℃～30℃,雨季及高温高湿发病迅速,排水不良、栽植过密、茎叶茂密或通风不良发病重。

【防治方法】

1. 种子消毒 播前用 55℃温水浸种 15 分钟,或用 40%福尔马林 150 倍液浸种 30 分钟,冲洗干净后晾干播种。

2. 农业措施 采用深沟高畦或高垄种植,雨后及时排水。

3. 药剂防治 发病初期开始喷洒 50%甲霜铜可湿性粉剂700～800 倍液,或 60%琥·乙磷铝可湿性粉剂 500 倍液,或72.2%普力克水剂 800 倍液,或 58%雷多米尔·锰锌(瑞毒霉锰锌)可湿性粉剂 500 倍液,或 64%杀毒矾可湿性粉剂 500 倍液等药剂,隔 7～10 天 1 次,连续防治 3～4 次。必要时还可用上述杀菌剂灌根,每株灌对好的药液 0.4～0.5 升,如能喷雾与灌根同时进行,防效会明显提高。

甜瓜白粉病

【发生规律】 在春夏之交及初秋较干燥时易发生,正在生长的瓜周围的功能叶最易感病,结瓜越多病情越重。

【防治方法】 在结瓜期或发病初期喷药,药剂可选用 15%粉锈宁(三唑酮)可湿性粉剂 2 000～3 000 倍液,这是一种经典药剂,防治效果很好。此外还可选用 75%百菌清可湿性粉剂 600 倍液,或 47%加瑞农 600 倍液,或 30%特富灵 2 000 倍液等药剂。也可用50%多菌灵可湿性粉剂 500 倍液灌根,但应注意,用药量过大容易发生药害。

甜瓜斑点病

【发生规律】 病菌以菌丝体和分生孢子随病残体在土中或附

着在种子上越冬。翌年春季开始侵染,由越冬病菌产生分生孢子,借助气流、雨水传播,从叶片上的气孔侵入致病。由病部产生的分生孢子借助气流传播蔓延,进行再侵染。高温多雨天气容易发病和流行。连作、高湿地块发病重。

【防治方法】

1. 农业防治 与非瓜类作物实行 2 年以上轮作,选用无病种子,雨后及时排除积水等。

2. 种子消毒 用 50% 多菌灵可湿性粉剂 500 倍液浸种 30 分钟,尔后再催芽、播种。

3. 药剂防治 发病初期及时喷药,可选用 40% 增效多菌灵悬浮剂 800～1 000 倍液,或 75% 百菌清可湿性粉剂 600 倍液,或 50% 多硫悬浮剂 600 倍液等,每 7～10 天 1 次,连喷 2～3 次。

甜瓜叶枯病

【发生规律】 病菌的分生孢子借气流或雨水传播,坐瓜后遇 25℃ 以上高温及高湿环境易造成病害流行,特别是浇水后或风雨过后,病害常会迅速蔓延。此外,土壤贫瘠,植株长势弱时发病较重。

【防治方法】

1. 种子消毒 用 75% 百菌清可湿性粉剂或 50% 扑海因可湿性粉剂拌种,用量为种子重量的 0.3%。也可用 40% 福尔马林 300 倍液闷种 2 小时,清水冲洗后播种。

2. 农业措施 轮作倒茬,增施农家肥,提高植株抗病力。避免大水漫灌,早期发现病叶及时摘除。

3. 药剂防治 发病前开始喷洒 75% 百菌清可湿性粉剂 600 倍液,或 58% 甲霜灵·锰锌可湿性粉剂 500 倍液,或 40% 大富丹可湿性粉剂 400 倍液,或 50% 扑海因可湿性粉剂 1 500 倍液,或 50% 速克灵可湿性粉剂 1 500 倍液,每 7 天 1 次,连续 4～5 次。如果喷药后遇到大雨则要补喷。

甜瓜霜霉病

【发生规律】 甜瓜霜霉病多始于近根部的叶片,5～6月份病菌在棚室黄瓜上繁殖,后传染到露地黄瓜上,7～8月份经风雨传播到甜瓜上引发病害。相对湿度高于83%,病部可产生大量孢子囊,条件适宜时经3～4天即又产生新病斑,长出的孢子囊可进行再侵染。病菌萌发和侵入对湿度条件要求高,叶片有水滴或水膜时,病菌才能侵入。病菌对温度适应范围较宽,15℃～24℃适于发病。生产上浇水过量,浇水后遇到大雨,地下水位高,枝叶密集等情况下易发病。

【防治方法】

1. 农业措施 选用黄河蜜瓜、红肉网纹甜瓜、白雪公主、随州大白甜瓜等抗霜霉病的品种。避免与瓜类作物邻作或连作。7～8月份雨后不宜浇水,若需水应浇半沟水。切忌大水漫灌。合理施肥,及时整蔓,防止植株过嫩,保持通风透光。

2. 药剂防治 7～8月份甜瓜发病初期喷洒47%加瑞农可湿性粉剂700～800倍液,或70%乙磷·锰锌可湿性粉剂500倍液,或18%甲霜胺·锰锌可湿性粉剂600倍液,或64%杀毒矾可湿性粉剂400～500倍液,或72%克抗灵可湿性粉剂800倍液,或56%靠山水分散微颗粒剂800倍液,或72.2%普力克水剂600倍液,或15%消灭灵水剂600倍液,每7天喷药1次,连续防治3～4次,喷后4小时遇雨须补喷。采收前3天停止用药。对72%克露、克霜氰、霜脲锰锌(克抗灵)及58%瑞毒锰锌可湿性粉剂产生抗药性时,可改用70%安泰生可湿性粉剂600倍液,或70%百德富可湿性粉剂500～700倍液,或69%安克锰锌水分散粒剂1 000倍液。

甜瓜蔓枯病

【发生规律】 病菌以子囊壳、分生孢子器、菌丝体潜伏在病残组织上留在土壤中越冬,翌年产生分生孢子进行初侵染。植株染病后释放出的分生孢子借风雨传播,进行再侵染。7月中旬气温20℃～25℃,潜育期3～5天,病斑出现4～5天后,病部即见产生小黑点。分生孢子在株间传播距离6～8米。甜瓜品种间抗病性差异明显:一般薄皮脆瓜类属抗病体系,发病率低,耐病力强;厚皮甜瓜较感病,尤其是厚皮网纹系统、哈密瓜类明显感病。病菌发育适温20℃～30℃,最高35℃,最低5℃,55℃经10分钟致死。据观察5天平均温度高于14℃,相对湿度高于55%,病害即可发生。气温20℃～25℃病害可流行,在适宜温度范围内,湿度高发病重。5月下旬至6月上中旬降雨次数和降水量决定该病发生和流行与否。连作、密植田藤蔓重叠郁闭、大水漫灌等情况下发病重。

【防治方法】

1. 选用抗病品种 选用龙甜1号等抗蔓枯病的品种,此外还可选用伊丽莎白、新蜜杂等早熟品种。

2. 农业措施 采用高畦或起垄种植,严禁大水漫灌,防止该病在田间传播蔓延。合理密植,采用搭架法栽培,此法对改变瓜田生态条件,减少发病的效果明显。此外要及时整枝、打杈,发现病株及时拔除携至田外集中深埋或烧毁。施用酵素菌沤制的堆肥或充分腐熟的农家肥。

3. 药剂防治 发病初期在茎基部或全株喷洒20%利克菌可湿性粉剂1 000倍液,或40%拌种双粉剂悬浮液500倍液,或24.9%待克利乳油3 000倍液,或80%新万生可湿性粉剂500倍液等药剂,隔8～10天再喷1次,共喷2～3次。棚室栽培时可喷撒5%防黑霉粉尘剂,每667平方米用药1千克。

甜瓜黑斑病

【发生规律】 病菌以菌丝体及分生孢子在病叶组织内外越冬,成为翌年的初侵染源。在甘肃河西地区,6月下旬田间开始出现病斑,7月上、中旬病情发展缓慢,7月下旬至8月上旬病情迅速扩展,达发病高峰。这时正是甜瓜增糖期,发病严重时,影响糖分积累。潜育期 20℃～30℃时 3～4 天,7℃～17℃时 8～9 天。病害发生程度与湿度密切相关,干旱地区昼夜温差大,夜间温度低,而瓜类作物生长中后期浇水较多。因此瓜田夜间常有 6～8 小时露时。早晨露水散失时阳坡面较快,阴坡面较慢,每天相差约 1 小时以上,因此北坡面发病重。从浇水时间看,开花前浇第一水时发病重,而坐瓜后再浇水时则发病轻。这是由于提早浇水提早结露,以及过早浇水植株前期徒长,组织柔嫩,降低了叶片的抗病力。

【防治方法】

1. **农业措施** 推迟定植后第一次浇水时间,即在坐瓜后长至核桃大小时浇第一水。清除病残组织,减少初侵染源。种植蜜露、河套蜜瓜等抗性较强的品种。采用配方施肥技术,施用酵素菌沤制的堆肥或充分腐熟的农家肥,注意增施磷、钾肥,以增强甜瓜植株抗病力。棚室甜瓜应抓好生态防治,由于早春定植昼夜温差大,白天 20℃～25℃,夜间 12℃～15℃,相对湿度高达 80% 以上,易结露,利于此病的发生和蔓延。应重点调整好棚内温湿度,尤其是定植初期,闷棚时间不宜过长,防止棚内湿度过大、温度过高。

2. **种子消毒** 用无病种子,播种前用 40% 拌种双 200 倍液浸种 24 小时,冲洗干净后催芽、播种,也可用 55℃温水浸种 15 分钟。

3. **药剂防治** 在发病初期采用粉尘法或烟雾法防治。采用粉尘法时,于傍晚喷撒 5% 百菌清粉尘剂,每 667 平方米 1 千克。采用烟雾法时,于傍晚点燃 45% 百菌清烟剂,每 667 平方米 200～

250 克,每隔 7～9 天 1 次,视病情连续或交替使用。露地栽培时,在发病初期喷洒 75%百菌清可湿性粉剂 600 倍液,或 50%扑海因可湿性粉剂 1 000 倍液,或 50%速克灵可湿性粉剂 1 500 倍液,或 70%代森锰锌干悬剂 500 倍液,或 64%杀毒矾可湿性粉剂 500 倍液,或 80%大生可湿性粉剂 600 倍液,隔 7～10 天 1 次,连续防治 2～3 次。如能在发病前喷药,可明显提高防效。

甜瓜细菌性叶枯病

【发生规律】 主要通过种子带菌传播蔓延,该菌在土壤中存活能力非常有限,可通过轮作防治此病。同时,经验表明,叶色深绿的品种发病重,大棚温室内栽培时比露地发病重。

【防治方法】 严格进行种子检疫,播种前进行种子消毒。药剂防治参见黄瓜细菌性角斑病的防治方法。

甜瓜黑根霉软腐病

【发生规律】 病菌为弱寄生菌,分布较普遍。从伤口或生活力衰弱的部位侵入,能分泌大量果胶酶,破坏力大,能引起多种多汁蔬菜、瓜果及薯类腐烂。病菌在腐烂部产生孢子囊,散放出孢囊孢子,借气流传播蔓延。在田间气温 22℃～28℃,相对湿度高于 80%条件下发病迅速。生产上降雨多或大水漫灌,湿度大易发病。

【防治方法】 加强肥水管理,避免大水漫灌,雨后及时排水,保护地要注意通风降湿。发病后及时喷洒 27%铜高尚悬浮剂 600 倍液,或 50%甲基硫菌灵·硫黄悬浮剂 800 倍液,或 50%多菌灵可湿性粉剂 600 倍液,50%苯菌灵可湿性粉剂 1 000 倍液等药剂,每 7～10 天 1 次,采收前 3 天停止用药。

甜瓜镰刀菌果腐病

【发生规律】 病菌在土壤中越冬,翌年果实与土壤接触,遇到适宜发病条件即可引起发病,一般高温多雨季节或湿度大发病重。

【防治方法】

1. 农业措施 施用酵素菌沤制的堆肥或充分腐熟的农家肥,采用高畦栽培方式并覆盖地膜。多雨季节要注意雨后及时排水,适当控制浇水量,地表湿度大要把果实垫起,避免果实与土壤直接接触。加强田间管理,防止果实产生人为或机械伤口,发现病果及时采摘并深埋。

2. 药剂防治 发病后喷洒 25%苯菌灵·环己锌乳油 800 倍液,或 60%防霉宝超微可湿性粉剂 800 倍液,或 50%甲基硫菌灵·硫黄悬浮剂 800 倍液,或 40%多硫悬浮剂 500 倍液,或 75%达科宁(百菌清)可湿性粉剂 600 倍液,或 47%加瑞农可湿性粉剂 700~800 倍液,或 56%靠山水分散颗粒剂 800 倍液,每 667 平方米喷药液 50 升,隔 10 天左右 1 次,连续防治 2~3 次。采收前 7 天停止用药。

苦瓜斑点病

【发生规律】 病菌借雨水溅射辗转传播,高温高湿天气有利于病害流行,连作、地势低洼、偏施氮肥的地块发病严重。

【防治方法】

1. 农业措施 在重病区避免连作。避免偏施氮肥,增施磷、钾肥,生长期内定期喷施植宝素或喷施宝等生长调节剂。

2. 药剂防治 发病前定期用百菌清烟雾剂、甲基托布津烟雾剂防病,每 7~10 天 1 次。发病初期叶面交替喷洒 70%甲基托布津可湿性粉剂 800 倍液加 75%百菌清可湿性粉剂 800 倍液,或

40％多·硫悬浮剂 500 倍液,直至控制住病情。

苦瓜病毒病

【发生规律】 两种病毒均在活体寄主上存活越冬,并借蚜虫及田间操作摩擦传毒。土壤不能传染,种子有可能传染,但其作用程度尚在进一步研究,一般利于蚜虫繁殖的气候条件,对本病发生扩展有利。

【防治方法】

1. 农业措施 及早拔除病株。喷施增产菌、多效好或农保素等生长促进剂促进植株生长,或喷施磷酸二氢钾、洗衣皂混合液(磷酸二氢钾：洗衣皂：水＝1：1：250),隔 5～7 天 1 次,连续喷施 4～5 次,注意喷匀。

2. 药剂防治 喷洒 1.5％植病灵乳剂 1 000 倍液,或 0.1％高锰酸钾水溶液,或抗毒剂 1 号 300 倍液。

苦瓜立枯病

【发生规律】 病菌以菌丝体或菌核在土中越冬,且可在土中腐生 2～3 年。菌丝能直接侵入寄主,通过水流和田间农事操作传播。病菌发育适温 24℃,最高 40℃～42℃,最低 13℃～15℃,适宜 pH 值 3～9.5。播种过密、间苗不及时、温度过高易诱发本病。

【防治方法】

1. 选用适宜品种 选用江门大顶苦瓜、槟城苦瓜、穗新 2 号、夏丰 2 号、湘苦瓜、碧绿 2 号苦瓜、90－2 苦瓜、湛油苦瓜、玉溪苦瓜、成都大白苦瓜等耐热品种,可减轻发病。

2. 农业措施 苦瓜喜温,气温高于 10℃才能正常生育,因此,播期不宜过早,露地栽培时,北方以 4 月上旬播种于棚室内为好,苗期 20～30 天。苦瓜种皮厚且硬,在早春低温条件下出苗困难,整齐度差,在土壤中停留时间长易染病。因此应在播种前采用机械破伤法,用钳子夹,使种壳破裂,但不能把种壳去掉,发芽势可明显增强。播前将种子置于 56℃ 温水中浸泡,自然冷却到室温后,再继续浸 24 小时,然后置于 30℃~32℃ 条件下催芽,芽长 3 毫米时播种。为培育壮苗防止立枯病,播种后应盖 1 层营养土,浇足水后盖膜保温保湿,出苗后喷 0.2%~0.3% 的磷酸二氢钾 2~3 次,增强抗病力。

3. 药剂防治　必要时可喷洒 69% 安克锰锌水分散粒剂或可湿性粉剂 1 000~1 200 倍液,或 80% 多·福·锌(绿亨 2 号)可湿性粉剂 600~800 倍液,或 95% 绿亨 1 号精品 4 000 倍液。

苦瓜蔓枯病

【发生规律】　病菌以子囊壳或分生孢子器随病残体留在土壤中或在种子上越冬,翌年病菌靠风、雨传播,从气孔、水孔或伤口侵入,引发病害。种子带菌可行远距离传播,播种带菌种子苗期即可发病,田间发病后,病部产生分生孢子进行再侵染。气温 20℃~25℃,相对湿度高于 85%,土壤湿度大易发病。高温多雨、种植过密、通风不良的连作地易发病,北方或反季节栽培发病重。近年蔓枯病有日趋严重之势,生产上应注意防治。

【防治方法】

1. 选用抗病品种　选用江门大顶苦瓜、槟城苦瓜、穗新 2 号、夏丰 2 号、湛油苦瓜、永定大顶苦瓜、89-1 苦瓜、玉溪苦瓜、成都大白苦瓜等耐热品种。

2. 嫁接防病　用苦瓜作接穗,丝瓜作砧木,把苦瓜嫁接在丝瓜上。播种前种子先消毒,再把苦瓜、丝瓜种子播在育苗钵里,待丝瓜长出 3 片真叶时,将切去根部的苦瓜苗或苦瓜嫩梢作接穗嫁接在丝瓜砧木上,采用舌接法把苦瓜苗切断接入丝瓜切口处,待愈合后再剪断丝瓜枝蔓,待苦瓜长出 4 片真叶时,再定植。生产上用什么品种,采用哪种嫁接方法各地应先进行亲合性试验后确定。

3. 种子消毒　选用无病种子,必要时对种子进行消毒。

4. 农业措施　施用酵素菌沤制的堆肥或充分腐熟的农家肥,适时追肥,防止植株早衰。适时适量灌溉,雨后及时排水。棚室要注意科学通风降湿。

5. 药剂防治　发病初期开始喷洒50%甲基硫菌灵·硫黄悬浮剂800倍液,或75%百菌清可湿性粉剂600倍液,或60%防霉宝超微可湿性粉剂800倍液,或56%靠山水分散微颗粒剂800倍液,或50%苯菌灵可湿性粉剂1000倍液,或50%利得可湿性粉剂800倍液,或80%炭疽福美可湿性粉剂800倍液,或40%新星乳油7000倍液,隔10天左右1次,连续防治2～3次。也可在茎基部患处涂抹上述杀菌剂50倍液。

佛手瓜叶斑病

【发生规律】　病菌以分生孢子在土壤中越冬,翌年春季借助风雨传播,经植株气孔或伤口侵入。喜高温高湿条件,发病适宜温度为25℃～28℃,相对湿度高于85%的棚室易发病,生产后期发病严重。

【防治方法】

1. 农业措施　增施充分腐熟的农家肥。合理灌溉,适时适量控制浇水,露地栽培时注意雨后及时排水。

2. 药剂防治　发病初期喷洒40%百菌清悬乳剂500倍液,或70%代森锰锌可湿性粉剂500倍液,或50%苯菌灵可湿性粉剂1000倍液。

冬瓜炭疽病

【发生规律】　病菌以菌丝体或拟菌核在土壤中的病残体上越

冬。翌年遇到适宜条件产生分生孢子梗和分生孢子,落到植株上发病。种子携带的病菌可存活 2 年,播种带菌种子,出苗后子叶受侵染。染病后,病部又产出大量分生孢子,借风雨及灌溉水传播,进行重复侵染。10℃～30℃均可发病,气温 20℃～24℃、相对湿度90％～95％适于发病。气温高于 28℃,湿度低于 54％,发病轻或不发病。地势低洼、排水不良或氮肥过多、通风不良、重茬地发病重。

【防治方法】

1. 种子消毒 选用无病种子,播种前进行种子消毒,方法是用 55℃温水浸种 15 分钟后冷却,或用 40％福尔马林 150 倍液浸种 30 分钟后用清水冲洗干净,再放入冷水中浸泡 5 小时。

2. 农业措施 采用配方施肥,施用充分腐熟的农家肥。选择沙质土,注意平整土地。防止积水,雨后及时排水。合理密植,及时清除田间杂草。

3. 药剂防治 发病初期,喷洒 50％甲基硫菌灵可湿性粉剂800 倍液加 75％百菌清可湿性粉剂 800 倍液,或 50％多菌灵可湿性粉剂 800 倍液加 75％百菌清可湿性粉剂 800 倍液,36％甲基硫菌灵悬浮剂 500 倍液,或 80％炭疽福美可湿性粉剂 800 倍液,或 2％抗霉菌素(120)水剂 200 倍液,或 2％武夷菌素(BO－10)水剂 150 倍液,隔 7～10 天 1 次,连续防治 2～3 次。

冬瓜叶斑病

【发生规律】 病菌以分生孢子器在病株残体上或土表越冬,翌年条件适宜时散射出分生孢子,借气流传播引起初侵染。发病后,病部产生的分生孢子,借风雨传播蔓延,不断进行再侵染。

【防治方法】

1. 农业措施 收获后及时清园,把病残株集中在一起沤肥或烧毁。

2. 药剂防治 发病初期结合防治炭疽病,喷洒 50％甲基硫菌灵·硫黄悬浮剂 800 倍液,或 50%多菌灵可湿性粉剂 600 倍液,或 40%混杀硫胶悬剂 600 倍液,或 50%苯菌灵可湿性粉剂 1 000 倍液,或 60%防霉宝超微可湿性粉剂 800 倍液,每 667 平方米喷药液 70～75 升,隔 10 天左右 1 次,连续防治 2～3 次。采果前 3 天停止用药。

冬瓜灰斑病

【发生规律】 以菌丝块或分生孢子器在病残体及种子上越冬,翌年产生分生孢子借气流及雨水传播,从气孔侵入,经 7～10 天发病后产生新的分生孢子进行再侵染。多雨季节此病易发生和流行。

【防治方法】

1. 农业措施 选用无病种子,或用 2 年以上的陈种播种。播种前用 50%多菌灵可湿性粉剂 500 倍液浸种 30 分钟。与非瓜类蔬菜实行 2 年以上轮作。

2. 药剂防治 发病初期及时喷洒 50%混杀硫黄悬浮剂 500～600 倍液,或 50%甲基硫菌灵·硫黄悬浮剂 700～900 倍液,隔 10 天左右 1 次,连续防治 2～3 次。保护地可用 45%百菌清烟剂熏烟,每 667 平方米 200～250 克,或喷撒 5%百菌清粉尘剂,每 667 平方米 1 千克,隔 7～9 天 1 次,视病情防治 1～2 次。采收前 7 天停止用药。

蛇瓜病毒病

【发生规律】 黄瓜花叶病毒寄主范围广,可侵染百种以上植物。可在冬季温室栽培的黄瓜、番茄、芹菜等寄主活体内越冬,也可在田间越冬菠菜和鸭趾草、反枝苋、刺儿菜、酸浆等杂草宿根越冬。由蚜虫传播,传毒主要蚜虫为瓜蚜、桃蚜。农事操作时也有可能经汁液接触传播。发病适温 20℃,气温高于 25℃症状趋轻或呈隐症。干旱有利于蚜虫迁飞活动,传毒频繁,病势加重。

【防治方法】

1. 农业措施 早育苗,简易覆盖,早定植,避开蚜虫及高温等发病条件。配方施肥,加强肥水管理,培育壮株。从苗期开始,提早防蚜,连续防蚜。发现病株立即拔除并烧毁。

2. 药剂防治 发病初期开始喷布 83 增抗剂 100 倍液,或 1.5%植病灵乳油 1 000 倍液,或 20%病毒宁水溶性粉剂 500 倍液。

蛇瓜叶斑病

【发生规律】 病菌以菌丝体和分生孢子器随病残体遗落在土壤中越冬,翌年以分生孢子进行初侵染和再侵染,借雨水溅射或灌溉水传播。病菌喜高温高湿条件,发病适温 25℃～28℃,要求 90%以上的相对湿度,雨水和叶面露水有利于分生孢子由分生孢子器中溢出及分生孢子萌发。

【防治方法】

1. 农业措施 避免在低洼地种植,栽植密度适中,及早整枝搭架。重病地与非瓜类蔬菜进行 2 年以上轮作。避免偏施氮肥,适当增施磷、钾肥。合理灌水,雨后排水,做到地面无积水。生长期定期喷施植宝素或喷施宝等,促使植株早生快发,减轻危害。

2. 药剂防治 发病初期及时喷布 70%甲基托布津可湿性粉剂 800 倍液,或 75%百菌清可湿性粉剂 600 倍液,或 40%多硫悬浮剂 500 倍液,或 50%敌菌灵可湿性粉剂 500 倍液,或 50%扑海因可湿性粉剂 1 500 倍液,或 80%大生可湿性粉剂 800 倍液,或 68%倍得利可湿性粉剂 500 倍液,或 50%利得可湿性粉剂 800 倍液。

葫芦白粉病

【发生规律】 病菌可在温室内瓜类蔬菜及月季等花卉上存活而越冬,如产生闭囊壳则随同病株残体留在地中越冬。病菌越冬后产生分生孢子,借气流传播。分生孢子萌发后,产生侵染丝直接侵入表皮细胞。菌丝体匍匐于寄主表皮上不断伸展蔓延。病菌从孢子萌发到侵入约20多个小时,故病害发展很快,往往在短期内大流行。10℃~30℃病菌均可以活动,最适温度20℃~25℃;适宜相对湿度45%~75%发病快,低于25%时也能分生孢子萌发引起发病,超过95%则病情显著受抑制。

【防治方法】

1. 农业措施 选用抗病品种。选择地势较高、通风、排水良好的地块种植。增施磷、钾肥,生长期避免氮肥过多。

2. 药剂防治 发病初期及时用药剂防治,药剂可选用15%粉锈宁可湿性粉剂1 500~2 000倍液,或20%粉锈宁乳油2 500倍液,或50%多菌灵可湿性粉剂500倍液,或50%托布津可湿性粉剂500倍液,或70%甲基托布津可湿性粉剂800倍液,或40%多硫悬浮剂500倍液,或50%硫黄悬浮剂300倍液,或2%武夷霉素水剂200倍液,或农抗120水剂200倍液,或30%特富灵可湿性粉剂2 000倍液,或47%加瑞农可湿性粉剂600倍液,或60%防霉宝水溶性粉剂1 000倍液等。每7~10天喷药1次,连喷2~3次。

葫芦病毒病

【发生规律】 主要靠蚜虫传毒。此外,带毒种子也会成为侵染源。高温干旱、管理粗放、杂草多、不能适时定植、灌排水不合理致使土壤板结,都会加重病情。

【防治方法】

1. 农业措施 用 10％磷酸三钠等药剂浸种 20 分钟,进行种子消毒。培育壮苗,但要防止幼苗徒长。积极防治蚜虫。

2. 药剂防治 发病初期喷 20％病毒 A 可湿性粉剂 500 倍液,或 1.5％植病灵乳剂 1 000 倍液等,每 10 天 1 次,连续防治 3～4 次。

葫芦褐斑病

【发生规律】 病菌以分生孢子丛或菌丝体在遗落土中的病残体上越冬,翌春产生分生孢子借气流和雨水溅射传播,引起初侵染。发病后病部又产生分生孢子进行多次再侵染,致病害逐渐扩展蔓延,湿度高或通风透光不良易发病。

【防治方法】

1. 选用抗病品种 选用早熟蒲瓜、中熟青葫芦等优良品种。

2. 药剂防治 发病初期开始喷洒 27％铜高尚悬浮剂 600～700 倍液,或 60％琥·乙磷铝可湿性粉剂 500 倍液,或 64％杀毒矾可湿性粉剂 500 倍液,或 30％绿得保悬浮剂 400 倍液,或 30％氢氧化铜悬浮剂 800 倍液,或 50％多霉威(多霉灵)可湿性粉剂 1 000～1 500 倍液,或 36％甲基硫菌灵悬浮剂 400～500 倍液,或 1∶1∶240 倍式波尔多液,隔 10 天左右 1 次,防治 2～3 次。采收前 5 天停止用药。

葫芦立枯病

【发生规律】 病菌以菌丝体或菌核在土中越冬,且可在土中腐生 2～3 年。菌丝体能直接侵入寄主,通过水流、农具传播。病菌发育适温 24℃,最高 40℃～42℃,最低 13℃～15℃,适宜 pH 值 3～9.5。播种过密、间苗不及时、温度过高易诱发此病。

【防治方法】

1. 苗床药土处理 用40%拌种双粉剂,也可用40%拌种灵与福美双1∶1混合,每平方米苗床施药8克。也可采用氯化苦覆膜法,即整畦后每隔30厘米把2～4毫升的氯化苦深施在10～15厘米处,边施边盖土,全部施完后用地膜把畦盖起来,12～15天后播种,氯化苦毒性很高,使用时千万注意安全。

2. 种子包衣和药剂拌种 使用种衣剂进行种子包衣。种子包衣技术是以种子为载体,使高效内吸杀菌剂、杀虫剂及微量元素、激素等,借助成膜剂在种子表面迅速固化成不易脱落的药膜,种子播种后吸水发芽、出苗、生长,种衣剂上的有效成分逐渐被根吸收传导到植株各部,对地上、地下的病菌、害虫、老鼠均有防治作用。黄瓜种衣剂9—2号对各种瓜类蔬菜均有效。如无种子包衣条件,可用种子重量0.2%的40%拌种双拌种。

3. 加强苗床管理 科学通风,防止育苗期间形成高温高湿环境。苗期喷洒植宝素7 500～9 000倍液或0.1%～0.2%磷酸二氢钾,可增强抗病力。

4. 药剂防治 发病初期喷淋20%甲基立枯磷乳油(利克菌)1 200倍液,或5%井冈霉素水剂1 500倍液,或10%立枯灵水剂300倍液,或15%恶霉灵水剂450倍液,每平方米2～3升。猝倒病、立枯病混合发生时,可用72.2%普力克水剂800倍液加50%福美双可湿性粉剂800倍液喷淋,每平方米2～3升,隔7～10天1次,连续喷洒2～3次。此外还可选用27%铜高尚悬浮剂600倍液,或45%土菌消水剂450倍液,或80%新万生可湿性粉剂600倍液,或69%安克锰锌水分散粒剂或可湿性粉剂1 000～1 200倍液,或80%多·福·锌(绿亨2号)可湿性粉剂600～800倍液,或95%绿亨1号精品4 000倍液。

二、生理病害防治

黄瓜幼苗戴帽出土

【发病原因】 造成戴帽出土的原因很多,如种皮干燥或所覆盖的土太干,致使种皮变干;覆土过薄,土壤挤压力小;出苗后过早揭掉覆盖物或在晴天中午揭膜,致使种皮在脱落前变干;地温低,导致出苗时间延长;种子秕瘦,生活力弱等。

【防治方法】

1. 精细播种 营养土要细碎,播种前浇足底水。浸种催芽后再播种,避免干籽直播。在点播以后,先全面覆盖潮土7毫米厚,不用干土,以利保墒。在幼苗大部分顶土和出齐后各上土1次,厚度分别为3毫米和7毫米。覆土的干湿程度因气候、土壤和幼苗状况而定。第一次,因苗床土壤湿度较高,应覆盖干暖土,第二次为防戴帽出土,以湿土为好。

2. 保湿 必要时,在播种后覆盖无纺布、碎草保湿,使床土从种子发芽到出苗期间始终保持湿润状态。幼苗刚出土时,如床土过干要立即用喷壶洒水,保持床土潮湿。发现有覆土太浅的地方,可补撒1层湿润细土。

3. 人工摘帽 发现戴帽苗,可趁早晨湿度大时,或喷水后用手将种皮摘掉,操作要轻,否则,很容易把子叶摘断。

黄瓜子叶有缺刻或扭曲出土

【发病原因】 黄瓜子叶扭曲出土或有缺刻,是由于覆土过厚或是覆土过于紧实板结造成的。

【防治方法】 参见黄瓜幼苗戴帽出土的防治方法。

黄瓜子叶边缘上卷发白

【发病原因】 这是由于通风过猛、降温太快、温度太低造成的。

【防治方法】 在外界温度较低的情况下进行通风换气时,要注意将通风口避开苗床,避免冷风直吹幼苗。其次,通风换气应选在中午温度较高时进行。另外,可给苗床适当加温,根据条件可采用电热温床或火炕或酿热温床育苗。

黄瓜不出苗或出苗不齐

【发病原因】 经催芽的黄瓜种子,一般播后 3~4 天苗可出齐。播种后,遇阴冷雨雪天气,常常由于床土温度过低,种芽受冻而不出苗。土壤中化肥浓度过高,农家肥未经腐熟或腐熟不完全,土壤中水分不足,阻碍了种芽吸水,不能正常出苗。土壤中水分过大,种子长期处于低温下的水浸泡状态,也会使种芽烂掉而不出苗。播种床面不平整,覆土厚度不均匀,甚至种子裸露于露地表面,或覆土过厚,或床面土壤板结、土壤消毒农药量过大等都会导致出苗不齐或不出苗现象的发生。

【防治方法】 要达到一次全苗的目的,一定要等到地温稳定在 10℃ 以上再播种,土温过低时,应增设加温设施提高床温。配制床土时,一定要用完全腐熟的农家肥。利用热效率较高的肥料,肥料配比要适当。化肥用量不能太大,避免烧苗。地面要平整,覆土要均匀,厚度保持在 1 厘米左右,营养土要疏松细致,严格按要求操作。若播种后 4~5 天,苗仍未出,应先仔细查看土壤是否缺水,种子是否完好,若种子胚根尖端仍为白色,说明还能出苗,可以加温,特别是提高地温,如土壤干燥,可适当洒 20℃ 温水。如果胚根尖端发黄或腐烂,就没有挽救的希望了,应重新播种。

黄瓜子叶畸形

【发病原因】 子叶畸形主要是由种子质量本身造成的,例如种子不成熟、发育不完全等。

【防治方法】 栽培者自行留种时,要选择植株中部大瓜留种,而不要用下部瓜甚至根瓜留种,因为下部瓜发育时植株幼小,环境条件差,授粉不良,种子质量差。播种前,对种子进行清选或漂洗,剔除瘪籽、残破籽、小籽。

黄瓜子叶过早干枯脱落

【发病原因】 子叶过早脱落是幼苗或小植株生长衰弱的一种表现,在育苗过程中,低温、干旱、后期脱肥,都容易导致这种现象的发生。低温季节定植时,棚室温度尤其是地温低,定植操作时伤根,致使幼苗不能正常地吸水吸肥,不能正常缓苗,也会使子叶过早萎蔫、干缩、脱落。

【防治方法】 育苗过程中加强水肥管理,培育壮苗。黄瓜根系再生能力差,受伤后不易发生新根,因此,应采用营养钵育苗等护根育苗方式,以减少定植操作时伤根。早春栽培时,要在 10 厘米深处的地温达到 10℃ 以上时再定植,如果为提早采收,在地温较低的情况下过早定植,往往欲速则不达。

值得注意的是,低温季节,棚室黄瓜生长过程中出现的许多异常现象,都是由低温造成的,因此,提高棚室的保温性能,是从根本上解决这一问题的关键所在。保温性能良好的温室,首先墙体要厚,无论是砖墙、土墙或砖土混合墙,墙体厚度都应在 1 米以上。其次,要注意温室后墙的高度,温室后墙起着吸收和贮存阳光热量的重要作用,后墙过矮贮热量当然变小,但过高也会使整个温室的空间加大,消耗热量。经验表明,后墙的内侧高度应在 1.5～1.8 米之间。另外,要将温室建造或改造成半地下式,温室内地面低于温室外地面 50 厘米左右,利用下层土壤的温度稳定性提高温室保温性能,效果也很好。温室后屋面的仰角也很重要,仰角高度要保证阳光能照射到后墙内侧,适宜的仰角大小为 $38°\sim45°$。

黄瓜幼苗徒长

【发病原因】 徒长苗形成的原因主要是夜温过高,昼夜温差小,光照不足,通风不良,水分过大,氮肥施用过多,磷、钾肥施用过少造成的。幼苗徒长主要发生在两个时期:一是幼苗刚出土时,由于没有及时通风、及时揭开覆盖物而引起瓜子徒长,因为此时黄瓜幼苗的下胚轴对温度十分敏感,高温极易引发下胚轴伸长。二是在春季定植前,外界气温逐渐升高,天气变暖,幼苗生长加快,植株已相当大,相互拥挤,互相挡光遮荫,或是这时大量灌水而又没有降低夜温造成徒长。

【防治方法】

1. 科学建造苗床 选择向阳开阔、地势平坦、苗床容易接受较多光照的地方育苗。营养土的配比要合理,氮肥用量要适中。选用透光性较好的覆盖材料,尽量利用新薄膜并及时清除薄膜上的灰尘。

2. 加强管理 播种密度适中,及时间苗,增加单株光合面积。加强通风,降低床内空气湿度和夜温,特别在外界温度较高时早揭晚盖草帘,保持夜间床温前半夜为 $15℃\sim20℃$,后半夜 $10℃\sim15℃$ 左右,早晨不低于 $5℃$,保持一定的昼夜温差。阴雨天要适当进行通风换气,中午揭去草帘,让幼苗接受一定的散射光。

3. 喷施植物生长调节剂 喷施植物生长调节剂可延缓幼苗生长速度,抑制徒长。当黄瓜幼苗有徒长倾向时,可用 50% 的矮壮素原液配成 $2\,500\sim3\,000$ 倍液(即 1 毫升原液加水 2.5～3 升),用喷雾器喷洒在幼苗上,每平方米苗床喷洒 1 升配制好的矮壮素溶液。喷后 10 天左右,可观察到幼苗生长缓慢,叶色变浓绿,茎变得健壮。齐苗后发生徒长,应逐渐增强光照,加强通风降低夜温,如果密度过大,适当间苗,可以给苗床内土表面撒 1 层草木灰,降低床内湿度等。对于定植前一段时间发生的徒长苗,可在定植时将其栽得深些,保持子叶在土壤表面以上 2～2.5 厘米即可。

黄瓜缓苗异常

【发病原因】 定植时操作粗放,根系受伤,或定植期间天气不好,气温低,或定植田施底肥过多,导致幼苗根系不能正常吸水吸肥,就会出现各种异常现象。随根系生长,新根发生,植株恢复正常生长,因此,异常现象只出现在植株下部第一片真叶和子叶上,上部叶片无异常。

【防治方法】 护根育苗,精细定植,施腐熟的农家肥做底肥,提高温室保温性能。在 10 厘米地温稳定在 10℃以上时再定植。

黄瓜嫁接苗萎蔫

【发病原因】

1. 接口不紧 嫁接时,黑籽南瓜砧木与黄瓜接穗的切口接触不紧密,切口不能很好地愈合,幼苗(尤其是黄瓜幼苗)接口以上部分的水分和养分供应量减少,导致萎蔫。

2. 空气干燥 嫁接后未覆盖薄膜保湿,或虽然覆盖了塑料薄膜,但苗床土壤干燥,空气湿度低,幼苗叶片大量失水,伤口愈合不良,导致萎蔫,严重时幼苗死亡。嫁接后的几天内保持高湿环境是嫁接苗成活的关键,相对来讲,采用靠接法时,嫁接苗成活对空气湿度的要求较低,而采用插接法时,则必须达到很高的甚至饱和的空气湿度,嫁接苗才能成活。

3. 光照过强 嫁接后应适度遮荫,使嫁接苗处于较低的光照度之下,如果阳光直射,光照过强,必然导致水分蒸发量增大,幼苗萎蔫。

【防治方法】

1. 正确确定播种期 正确确定播种期可保证砧木和接穗都处于适宜嫁接期。例如,采用靠接法时,一般在黄瓜播种 5 天后播种黑籽南瓜,这样黄瓜与黑籽南瓜的茎粗基本相同,嫁接时能相互适应。同时应注意,黑籽南瓜幼苗下胚轴(子叶至根系间的部分)较短,不利于嫁接操作,有经验的种植者多用密集播种的方法,使黑籽南瓜幼苗十分拥挤,以此促使南瓜下胚轴伸长。

2. 注意切口深度 采用靠接法时,切口深度应达到黄瓜或黑籽南瓜茎粗的 2/3,切口过浅,虽然黄瓜、黑籽南瓜都不会死亡,但两种植株容易分离,导致嫁接失败,但伤口过深容易导致嫁接苗萎蔫死亡。

3. 创造高湿弱光环境 嫁接后立即覆盖薄膜保湿,苗床要达到一定的含水量,水分不足时要喷水,形成一个高湿环境。中午前后放下温室上的草苫,适度遮光,避免阳光直接照射嫁接苗。

黄瓜幼苗叶片早晨吐水

【发病原因】 主要是由于营养钵或营养钵下面的苗床土壤含水量高,且地温较高造成的。叶片吐水并不会对幼苗造成多大危害,有人甚至认为这是一种正常现象。但吐水说明土壤湿度过大,容易引发疫病、猝倒病以及多种生理病害。

【防治方法】 黄瓜育苗时,强调在播种时将水浇足,幼苗生长过程中尽量少浇水,有人为了避免营养钵含水量过高,采用在营养钵外,即营养钵下面的苗床上浇水的方法,让水通过营养钵的底孔渗入营养钵。此法不会提高营养土表面湿度,对预防猝倒病等苗期病害效果较好,但要注意不能浇水过多,因为由于营养钵的阻碍,苗床土壤中的水分需要很长时间才能蒸发掉,如果浇水过量,容易造成危害。

黄瓜第一片真叶形态异常

【发病原因】 与多数瓜类蔬菜一样,黄瓜的第一片真叶与以后出现的叶片在形态上有一定差异,严格地讲,多数情况下,黄瓜第一片真叶异常只是种植者的一种感觉,有的品种第一片真叶叶缘缺刻不明显,形状像南瓜叶,这是由品种特性本身决定的,不算异常。但有的叶片残破、皱缩,多是由种子质量较差造成的,并不是因为栽培方法不当。

【防治方法】 因种子质量差而造成的叶片形态异常,无法补救,只能在下茬栽培前,注意选择高质量的种子播种。

黄瓜苗沤根

【发病原因】 由于土壤温度低于12℃,持续时间较长,浇水过量,连阴天,光照不足等原因,致使幼苗根系处于土壤低温、过湿、缺氧状态下,呼吸代谢受阻,不能正常生长,根系吸收能力降低,导致沤根。

【防治方法】 床土要疏松,床面要平整,防止浇水后床面积水。保证充足的光照。播种要精细、均匀,覆土厚度不超过1厘米。科学浇水,播种前浇足底水,整个育苗过程中适当控水,严防床面过湿,特别要防止床土长期阴湿。做好苗床后,先覆盖地膜提高床土温度,3~5天后揭去薄膜后播种,如不等床温升高就播种,往往欲速则不达。也可采用电热温床育苗,苗床温度不宜低于12℃。适时适量通风,加强幼苗锻炼。低温季节定植时,要按穴浇水,不能大水漫灌。施用底肥时要均匀。发生轻微沤根后,可在苗床表面覆盖地膜,提高温度,并及时松土,促使病苗尽快发出新根。

黄瓜闪苗

【发病原因】 闪苗主要是通风过猛造成的,同时与温度、湿度、光照和苗的素质有关。如果苗床较长时间不进行通风,床内温度较高,湿度较大,幼苗幼嫩,猛然进行大通风或揭走草帘,外界光照强,温度低,空气干燥,幼苗会因突然蒸腾导致失水过多而萎蔫、干枯,或出现枯死斑,导致闪苗。

【防治方法】

1. **温度管理** 闪苗是可以通过科学管理克服的。为培育壮苗,要加强温度管理,方法是在幼苗 3 片叶之前将白天气温控制在 30℃～35℃,夜间 8℃～10℃,早晨最低不能低于 5℃。3 片真叶后,逐渐通风,白天仍然达到 30℃～35℃,夜间 6℃～10℃,早晨不低于 5℃,阴雪天以 15℃～20℃为宜。试验证明,昼夜温差在 20℃时,就可以培育出壮苗。

2. **科学通风** 在连续阴冷天或光照弱、温度低的条件下培育的幼苗,在猛然晴天以后,若进行大通风或将覆盖材料撤掉,非常容易造成闪苗。对弱苗或徒长苗,阴转晴后要从小到大逐渐加大通风量,如揭开覆盖物后发现萎蔫现象,要立即重新把覆盖物盖好,短时间萎蔫仍可恢复。当苗子恢复正常后,可以隔帘揭去覆盖物或轮换揭盖,这样反复多次,幼苗逐渐适应了环境条件,再进行大通风和见光。

3. **补救措施** 对于已经出现闪苗的苗床,根据受害程度,可采取相应的技术措施。只有零星黄斑,其余情况完好的幼苗可以定植,对生长影响不大。部分幼苗叶片边缘干黄,定植后加强管理,心叶能很快长出。如真叶全部干枯,只有生长点完好,则最好不用。

黄瓜氨气危害

【发病原因】 在保护地内施用氮肥如碳酸氢铵、硫酸铵、固体尿素、氨水等化肥时，施肥量过大、表施或覆土过薄，土壤呈碱性时会直接产生氨气。此外，施用未腐熟的厩肥、人粪尿、鸡粪、饼肥、鱼肥时会间接产生氨气，在温室内发酵饼肥、鸡粪时，会很快产生氨气。铵态氮肥或农家肥在分解时会先放出铵态氮，铵态氮在亚硝化细菌和硝化细菌的作用下，发生由铵向亚硝酸或硝酸转化的生物化学反应。在地温较高，土壤肥沃的条件下，这一过程很快，不会造成铵态氮积累。但如果土壤盐渍化，或施用了大量铵态氮肥，铵态氮的硝化受到抑制，产生铵态氮积累时，就会挥发出大量氨气，当空气中的氨气浓度达到 5 毫克/升时，就会使蔬菜受害，晴天温度较高，1～2 小时就可导致植株死亡。

【防治方法】

1. 科学施肥 日光温室蔬菜施肥，应以优质的充分腐熟的土杂肥为主，不要在温室内发酵可能产生大量氨气的肥料，如生鸡粪、生饼肥等。不要将能直接或间接产生氨气的肥料撒施在地面上，追施尿素、碳酸氢铵和硫酸铵时，应开沟深施，施后用土盖严，及时浇水。鸡粪、牛粪、饼肥等农家肥一定要充分腐熟后方可施用。适当增施磷、钾肥。追施尿素时，每次应少施，勤施，每次每 667 平方米施肥量不应超过 20 千克。误将容易产生氨气的肥料撒施在地面上时，必须多次浇水和通风，阴天不能通风时，要进行土壤覆盖。

2. 低温季节不施用尿素和碳酸氢铵 塑料棚室冬季和早春不宜追施尿素和碳酸氢铵。如前所述，施入土壤中的氮肥，不论是有机态还是无机态，都需要在土壤微生物的作用下，经历一系列的转化，最终变为硝酸态供蔬菜吸收利用。尿素属于有机态氮肥，首先要在脲酶的作用下转化为碳酸氢铵，再转化为亚硝酸态，而后变为硝酸态。碳酸氢铵则要转为亚硝酸态，再转化为硝酸态。这一转化过程的时间长短,在很大程度上取决于温度条件,如尿素从酰胺态转化为铵态,在春、秋季需要6～8天,夏季也需要2～3天。通常认为有机态氮素被铵化细菌转化为铵态氮,以30℃～45℃最快,从铵态氮再被硝化细菌转化为硝态氮以20℃～25℃最快。硝化细菌在温度15℃以下时,会受到严重抑制,这一转化过程几乎不能进行。

蔬菜对铵态氮和硝态氮的吸收是各有要求和偏爱的,如黄瓜在铵态氮和硝态氮各半的营养溶液中生长最好。冬季和早春温度低,从有机态转化为铵态氮,或从铵态氮转化为硝态氮进行缓慢,因此,施到土壤里的尿素不能很快发生作用。施入土壤的尿素如果只转化到了碳酸氢铵这一步,或施入土壤中的碳酸氢铵不能向硝酸态转化,蔬菜会被迫吸收大量的铵态氮,就会造成铵的毒害。如黄瓜吸收铵态氮过多,而吸收的硝态氮不足,叶片就会过早的老化,变硬变脆,从而降低功能。如果施用尿素和碳铵的方法不对,就会产生氨气危害。所以,严冬和早春,一般在温室和大棚里不提倡施用尿素加碳酸氢铵,而更多地要求施用硝酸铵。从对土壤溶液浓度的影响来看,在氮肥中,硝酸铵也是属于较轻的。但值得注意的是,要生产绿色食品蔬菜,则禁止施用硝态氮肥。

3. 改良土壤 如发现土壤板结和酸化,可采取施用生石灰或稻草等方法改良。

4. 检查氨气浓度 在早晨用pH试纸(试剂商店有售)蘸取棚膜水滴,然后与比色卡比色,读出pH值,当pH值大于8.2时,可认为将发生氨气危害,应立即通风,排除氨气。

5. 补救措施 发生氨气危害后,立即通风换气。在植株受害尚未枯死时,去掉受害叶,保留尚绿的叶,通风排出有害气体后,加强肥水管理,还可慢慢恢复生长。另外,在叶的反面喷洒1%食醋溶液,亦有明显效果。

黄瓜二氧化硫危害

【发病原因】　二氧化硫对温室蔬菜的危害在各地均有发生，尤其在大工厂附近和加温温室中较易出现二氧化硫的危害。二氧化硫主要来源于室内加温时泄露的煤烟，温室中的有机物腐烂（如生鸡粪和生饼肥分解）时会产生硫化氢，硫化氢在空气中氧化也会形成二氧化硫。燃放烟剂时同样会产生二氧化硫。在工厂附近建的大棚可能还会受到大气污染带来的二氧化硫危害。

蔬菜对二氧化硫的抗性与环境条件有很大的关系，温暖湿润、光照充足、水分供应良好时，最易发生二氧化硫危害。因为这些条件都有利于气孔开放，使二氧化硫容易进入叶内，也有利于二氧化硫转化为亚硫酸和硫酸。干旱、光照不足，使气孔关闭，反而可提高蔬菜对二氧化硫的抗性。

【防治方法】

1. 预防措施　避免在炼油厂、化工厂和热电厂附近建温室，尽量不在温室内用火炉加温。避免强光高温条件，以降低气孔开放程度，增强植株叶片的抗性。

2. 科学施肥　不施未腐熟的牛粪、鸡粪等农家肥。

3. 补救措施　在温室中发现二氧化硫中毒症状后，要在不影响蔬菜正常生长发育的条件下，尽量加大通风量。用0.5%的石灰水喷洒叶面，有一定的缓解作用。用石灰硫黄合剂或0.5%合成洗涤剂溶液喷洒植株也有一定疗效。

黄瓜亚硝酸气体危害

【发病原因】　温室内积累的亚硝酸气体来源于土壤中亚硝酸气体的挥发，直接原因是由于土壤中施用过量的氮肥。当土壤酸化，pH值低于5，或一次施入过多氮肥时，亚硝酸转化为硝酸的过程受阻,亚硝酸态氮就会变得不稳定而释放出亚硝酸气体(二氧化氮)。同时,亚硝酸钙也会分解放出亚硝酸气体。因此,如果棚内水滴表现为微酸性(pH 值小于 7),就预示将出现亚硝酸气体危害。亚硝酸气体危害在土壤微生物活动较弱的低温条件下发生较少,在地温高,尤其是在地温急剧变化时容易发生。如果亚硝酸气体浓度达到 2 毫克/升时,黄瓜就会出现受害症状。

【防治方法】

1. 科学施肥 保护地内一次施氮肥不要过多,并且应与磷、钾肥混合施用。多施用充分腐熟的农家肥做底肥,并与土壤混匀。

2. 改良土壤 利用温室夏季空闲时间施用稻草和其他未腐熟的秸秆,在改良土壤,减轻土壤酸化的同时,可增加硝化细菌的数量,避免了亚硝酸在土壤中积累。连作多年的保护地土壤一般会酸化,应施用适量的石灰调节土壤酸碱度,同时可起到补充钙元素的作用。

3. 合理浇水 保持适宜的土壤湿度,土壤水分充足时,即使产生有害气体,也会有一部分被溶解于水中,从而减少释放到空气中的有害气体量。

黄瓜百菌清烟剂危害

【发病原因】 烟剂燃放点少或过于集中,使燃放点附近烟雾浓度过高,或烟剂用量过大,均会使黄瓜受害。

【防治方法】

1. 剂型和燃放点数量的确定 温室、大棚的空间大,既可采用有效成分含量高的烟雾剂,也可选用有效成分含量低的烟雾剂。使用有效成分含量低(30%、20%、10%)的烟雾剂时,因燃放点附近烟雾浓度较低,不易对蔬菜造成危害,可适当集中燃放,燃放点可少些,一般每 667 平方米 3～5 个点即可。使用有效成分含量高的烟雾剂时,为防止燃放点附近因长时间高浓度烟雾熏蒸而造成药害,应分散燃放,每 667 平方米可设 5～7 个燃放点。

中棚、小棚因较矮小,宜选用有效成分含量低(10%、15%)的烟雾剂,并将燃放点分散开,一般每 667 平方米设 7～10 个,以保证用药安全。低于 1.2 米高的小棚不宜使用烟雾剂,否则易造成药害。

2. 用药量的确定 根据棚室空间大小、烟雾剂有效成分含量和蔬菜的不同生育期,确定用药量。棚室高,跨度大,用药量应多,反之用药量应少。烟雾剂有效成分含量高,用药量少,反之则应增加用药量。在蔬菜生长的前期,由于幼苗柔嫩,易发生药害,用药量应酌情减少。一般棚室使用 30% 的百菌清烟雾剂时,1 次用量为每立方米 0.3～0.4 克,折合每 667 平方米 300～400 克。每 7～10 天1 次,连用 2～3 次。

3. 用药次数的确定 根据病害发生的轻重,确定用药次数,在发病初期,只需燃放烟雾剂 1 次即可达到预期的防治效果。病害发生较重时,一般应连续防治 2～3 次,每次施药间隔时间 5～7天,如在两次使用烟雾剂的中间,选用另外一种杀菌剂进行常规喷雾防治,则效果更佳。

4. 烟剂使用时期 一般来讲,在保护地蔬菜的整个栽培过程中,都适合使用烟雾剂,而以阴雨天以及低温的冬季使用效果最好。阴雨天以及低温期是蔬菜发病的高峰期,也是蔬菜病害预防的关键期,而此期由于温室、大棚不通风或很少通风之故,温室、大棚内的空气湿度一般较平日高很多,不适合叶面喷雾防治,同时,因为在晴朗天气,在日光照射下,植物表层温度与烟雾颗粒相同,烟雾不易沉积,影响药效,因此,阴雨天是烟雾剂使用的最佳时期。

5. 烟剂使用时间 一天当中最适宜的烟雾剂使用时间为傍晚。由于烟雾剂中的农药气化后,分布在空气中的农药颗粒只有沉落到蔬菜茎叶的表面,才能够发挥作用,傍晚温室、大棚内的温度开始下降,茎叶表面的温度也比较低,空气中的农药颗粒易于沉落到蔬菜的茎叶表面,同时经过一个晚上的长时间沉落,茎叶表面上沉落的农药颗粒也比较多。

另外,夜间温室、大棚内的空气湿度比较高,农药颗粒能够比较牢固地粘附到茎叶表面,得以长时间发挥作用。白天温室、大棚内的温度呈上升之势,蔬菜茎叶表面的温度也由低变高,空气中的农药颗粒不易沉落到茎叶的表面上,药效低,因此,白天不适合使用烟雾剂。

6. **操作方法** 温室使用烟雾剂一般于下午放下草苫后开始,大棚一般于下午日落前进行。从市场上购买的标准烟雾剂,按使用说明书上的使用量用药即可。自制烟雾剂的使用量应按农药的用量进行计算,一般每 667 平方米温室土地面积用药 200～250 克即可。

使用烟雾剂前,要检查棚室薄膜,补好漏洞,然后将棚室密闭,越严密越好。把烟雾剂均匀排放于温室或大棚的中央,离开蔬菜至少 30 厘米远。由内向外,逐个点燃火药引信,全部点燃后,人员退出温室大棚,密闭棚室过夜,次日早晨通风后,人员方可进入棚室。由于烟雾颗粒沉降速度较慢,所以点燃烟雾剂后,至少 4～5 小时内不准打开通风口。

烟雾剂中的农药对人体均有不同程度的危害,要注意人身安全。点燃烟雾剂后,应尽量减少在温室、大棚内的停留时间。

黄瓜杀菌剂药害

【发病原因】 高温时用药,药液中的水分迅速蒸发,药液浓度迅速提高,容易造成药害。用药浓度过大,或喷洒药液过多。蔬菜苗期耐药性差,而所用药液浓度过高也会造成药害。

【防治方法】

1. **科学用药** 科学用药是指经济、安全、有效地使用农药,做到无污染,无药害,治病防病,经济合算。为此,要做到对症下药,了解药剂的性质及特点,掌握防治对象的特点,正确选用农药。严格按规定的浓度、用药量配药。要合理混用农药,各种农药各有优缺点,两种以上农药混合恰当,可扬长避短,起到增效和兼治的作用,如果混合不当则降低药效,破坏药剂,产生药害。混用药品一般不超过 3 种。最好用河水配药,用硬水配制的乳剂或可湿性粉剂,容易引起药害,若土壤长期干燥,施药后易引起药害。温室内雾气、水滴有利于药剂溶解和渗入,易引起药害。喷药时,湿度不宜太大,如果空气湿度大,应该排湿。喷药要细致、周到,雾滴要细小,避免局部药量过多。适时用药,一般应避开花期、苗期等耐药力弱的时期施药,同时避免在中午强光高温下用药,此时作物耐药力弱,药性大,易发生药害。

2. 补救措施 幼苗药害轻时,应及时中耕松土,施入适量氮肥,及时灌水,促进恢复生长。叶片、植株药害较重时,要及时灌水,增施磷、钾肥,中耕松土,促进根系发育,增强恢复能力,还可喷施各种叶面肥。如喷错了农药,要立即喷洒清水淋洗。

黄瓜敌敌畏药害

【发病原因】 用药浓度过高或用药过于频繁。

【防治方法】

1. 按规定浓度用药 90%敌敌畏乳油的安全用药浓度为 1 500～2 000 倍液,不能为提高杀虫效果任意提高浓度。

2. 补救措施 浇水施肥,喷施叶面肥,促进生长,缓解药害。

黄瓜甲胺磷药害

【发病原因】 甲胺磷已经被列为禁用农药,但有的菜农仍在使用,而且凭感觉配药,随意提高浓度,为提高药效,两次喷药间隔时间过短,从而导致药害发生。

【防治方法】

1. 改用替代品 立即停止使用剧毒的甲胺磷农药,残存的甲胺磷应立即封存、销毁。可使用乙酰甲胺磷作为替代品,乙酰甲胺磷是在研究甲胺磷基础上开发出来的低毒农药,其毒性比甲胺磷低 30 倍,适宜在蔬菜上使用。乙酰甲胺磷可用于防治多种咀嚼式和刺吸式口器害虫、害蛾。此药制剂为 30%、40%、50%乳油,防治菜青虫、菜蚜,用 40%乳油 1 000 倍液喷雾。防治小菜蛾、甜菜夜蛾、斜纹夜蛾,用 40%乳油 500~800 倍液或 50%乳油 800~1 000倍液喷雾。防治温室白粉虱,用 40%乳油 800 倍液喷雾,对若虫、成虫有效,但对卵基本无效。因此,须每隔 5~6 天喷雾 1 次,连续喷 3 次,才能达到防治目的。防治黄曲条跳甲、茶黄螨用 40%、50%乳油 800~1 500 倍液喷雾。注意,该药不能与碱性农药混用,以免影响药效。本品易燃,在运输和使用过程中注意防火。该药易溶于水,其水溶液易被人体皮肤吸收,使用时应注意。如果中毒,可服用阿托品或解磷定并立即送医院治疗。

2. 补救措施 发生药害后,浇水施肥,喷施叶面肥,促进生长,缓解药害。

黄瓜苗期药剂灌根药害

【发病原因】 黄瓜幼苗在子叶展开后的一段时期容易发生猝倒病,尤其在从杂草丛生的地块取土配制营养土,或营养土消毒不彻底,或营养土含水量过高,或地温过低时更容易发病。撒药土或灌根是防治猝倒病的有效方法。但在使用一些内吸性药剂(如猝倒必克、多菌灵)时,如果用药量过多(例如用猝倒必克灌根时,每 20克药剂配成 1 000 倍液,可满足 10 平方米苗床使用,如果用于 5 平方米苗床甚至更小面积,则很容易发生药害),药液会从根系进入幼苗体内,部分药液会通过叶脉运输至叶片边缘的水孔,并在那里积累,从而表现出药害症状。

【防治方法】

1. 以预防为主 应严格按照不同药剂所要求的浓度和用药量灌根,不能为提高防效任意提高浓度和加大用药量。

2. 补救措施 发现用药量过大时,应立即浇水缓解,并提高温度,尤其是要提高土温。如果温度不能保证,则不能浇水,否则容易导致沤根。在正常管理条件下,陆续长出的新叶依然会表现出受害症状,但经过 7~15 天,幼苗会自行恢复正常生长。

黄瓜药土产生的药害

【发病原因】 为预防疫病、猝倒病和枯萎病的发生,多在定植时向定植穴内撒药土,药土通常有五代合剂(五氯硝基苯、代森锌的混合物)、猝倒必克配制。当用药量过高时,就容易发生药害。尤其是药土中混有猝倒必克时,虽然猝倒必克对防治土传病害效果很好,但应严格掌握用药量,否则极易发生药害。

【防治方法】 严格控制用药量。

黄瓜硫酸铜药害

【发病原因】 硫酸铜药害主要是由于土壤中施用硫酸铜过量所致。黄瓜枯萎病、疫病均系以植物残体为寄主的土传菌源引发。这类病菌在土壤中能存活 6~8 年之久,它们危害蔬菜的共同特征是在结果初期导致死蔓、死秧。无机杀菌剂硫酸铜,不仅是一种植物保护性杀菌剂,发病前施药具有防御作用,发病初施药有快速杀死病菌功能,还能刺激伤口愈合。其药液附在菌体表面,铜离子进入菌体与细胞蛋白质发生作用,使菌体不能进行代谢活动,从而丧失侵入植物体内的能力。同时,硫酸铜还能分解分化土壤中的钾、磷、硼、锌等营养元素,有刺激作物生长和增肥增产作用。铜是多种酶的主要成分,被植物吸收后,能明显改善蔬菜生长状况,促进作物细胞壁的木质化和聚合物的合成,从而增强植株抵抗病原菌侵入的能力。硫酸铜是目前所有无机杀菌农药无法取代的良药。但是,铜属于微量元素,植物需要量极少,土壤中一旦含有大量的铜元素,也不容易被清除,容易造成铜污染。且铜在植物体内不能移动,植物过量吸收铜后,容易受伤害。

【防治方法】 采用正确的方法施用硫酸铜。其一,定植时每667平方米用 1.5～2 千克硫酸铜和 8～11 千克碳酸氢铵拌匀闷放 12～14 小时后,撒施在定植穴沟里。其二,每千克硫酸铜对水500 升,浇灌在植物根部,用硫酸铜 100 倍液涂抹病部。其三,定植后,每 667 平方米用硫酸铜 2～3 千克随水浇入菜田,防治黄瓜枯萎病效果良好。施 1 次硫酸铜,可满足蔬菜 2～3 年内对该元素的吸收利用。老菜田施硫酸铜,防病效果更好。

黄瓜辛硫磷药害

【发病原因】 辛硫磷属低毒性化学杀虫剂,杀虫谱广,具有触杀或胃毒杀作用,击倒力强,防治黄条跳甲有特效,尤其做土壤处理,可以杀死地下部分幼虫,大量降低黄条跳甲的虫口密度。但黄瓜对辛硫磷很敏感,浓度过大或两次喷药间隔时间过短,容易产生药害。

【防治方法】 蔬菜上提倡施用替代物甲基辛硫磷,甲基辛硫磷是辛硫磷的同系物,纯品为白色结晶体,对光、热均不稳定,不溶于水。按照我国农药毒性分级标准,甲基辛硫磷属低毒杀虫剂,与辛硫磷具有相似的作用特点和防治对象,对害虫具有胃毒和触杀作用而无内吸性能,对多种蔬菜害虫及地下害虫有良好的防治效果,甲基辛硫磷对人、畜的毒性约比辛硫磷低 4～5 倍,因而在蔬菜上使用更加安全。甲基辛硫磷的制剂为 40% 乳油,防治蚜虫、蓟马等,用 1 000～1 500 倍液喷雾,防治小菜蛾、甜菜夜蛾,用 800 倍液喷雾。

黄瓜叶片生理积盐

【发病原因】 化肥施用量过大,导致土壤盐分浓度提高,黄瓜植株吸收后,盐分随植株液流移动到叶片边缘水孔处,黄瓜叶片有吐水现象,盐分随之流出叶片。日出后,保护地温度升高,叶片表面水分蒸发,盐分沉积下来,形成白色盐渍。黄瓜叶片生理积盐本身并不会对植株造成严重危害,但却是施肥过量,土壤浓度过高的一个标志,种植者需要及时调整栽培措施。

【防治方法】 科学施肥,减少化肥施用量,增施农家肥。发现症状后及时浇水缓解。

黄瓜叶片生理性充水

【发病原因】 秋冬茬黄瓜易出现生理充水,一般在温室覆盖薄膜后,由于种种原因尚未覆盖草苫,如果遇到了连阴天,为保持温度,一般不再通风。此时地温较高,根系吸水旺盛,但温室气温低,相对湿度大,叶片蒸腾作用会受到抑制。这样,细胞内部的水分只能进入细胞间隙,导致生理充水。越冬茬黄瓜有时也会出现生理充水的现象。

【防治方法】

1. 及时覆盖草苫 秋冬茬或冬茬栽培时,及时覆盖温室薄膜和草苫,华北地区一般在 10 月初覆盖薄膜,10 月中下旬覆盖草苫。

2. 增温保温 低温季节设法提高温室温度,尤其是气温,可采取保证薄膜透光性能、临时加温等措施。

黄瓜低温高湿环境综合征

【发病原因】 造成上述现象的根本原因在于温室结构不合理，建造时偷工减料，致使采光和保温性能很差，室内低温高湿。再加上管理粗放，浇水过多，通风不利，大量施入化肥或肥料不足，从而出现各种生长异常现象。

【防治方法】

1. 建造高标准温室 根本的预防方法是设计建造高效节能的冬用型日光温室，一般温室跨度（后墙内侧至前沿距离）控制在6.5～7.5米，不能任意增大，温室高度为 2.7 米左右，后屋面的长度（内侧）要超过 1.5 米，后屋面仰角为 38°～45°，最好建造半地下式温室。温室过宽、后屋面过短、后屋面仰角过小、后墙过薄等均会降低温室的采光和保温性能。

2. 提高管理水平 进行精细管理，按要求浇水、施肥、中耕、整枝、采收，不能一味凭感觉浇大水、施大肥，为保温而不通风。

黄瓜短期低温危害

【发病原因】 植株遭受低温伤害一方面取决于低温的程度，另一方面取决于植株的抗寒能力。不同黄瓜品种抗寒性不同，有的品种比较抗寒，低温下限低；有的品种抗寒性差，低温下限较高。生长健壮的幼苗或植株比徒长苗或植株抗寒性强。寒流来得猛或者说温度降得快容易发生低温伤害，低温持续时间越长伤害越严重，解冻速度越快伤害越严重；在连续阴雨天，床内湿度大温度低，光照弱，受冻植株光合产物少的情况下生长的幼苗，最易发生冻害；在光照较强，温度虽低，但光合产物多的情况下生长的幼苗，不易受害。

在生产调查中经常发现，一些育苗经验不足的菜农，一遇到阴雨、雪天,为了苗床保温,白天也不揭去覆盖物,造成苗床整天黑暗,幼苗照不到阳光,缺乏养分,抗寒力削弱,易受低温伤害。有的还由于怕幼苗受冻,苗床不敢通风,造成床内温度较高。在黑暗高温的环境中,黄瓜幼苗没有光合物质积累,呼吸作用较强,体内养分消耗大,抗寒力减弱。在生产实际中还发现,凡阴冷天气,日夜覆盖草帘的苗床上,有很多幼苗被冻死,凡白天揭开草帘透光和适当通风的苗床,被冻死的幼苗反而很少,或根本不受冻。有人将幼苗的这种死亡方式称为"闷杀"。

幼苗受低温伤害还与苗床湿度、肥料等有关。例如湿度过大,氮肥偏多等促进徒长的因素都会削弱幼苗的抗寒力,加重冻害程度。另外,移苗后幼苗在缓苗期前,抗性较弱,遇到寒流低温容易受害。所以移苗时适量浇水,缓苗后苗床覆盖严密,使床内保持较高的温度和湿度,这些措施是为了促进新根的发生,但在缓苗后浇水,施氮肥过多,以致幼苗生长过快,组织柔嫩,这时遇到低温,也容易发生冻害。所以严寒期间应适当控制水分、肥料,使幼苗稳长,防止过快过嫩。

定植后的幼苗受低温伤害,还与它是否经过低温锻炼有关。在育苗过程中,经过低温锻炼的幼苗,适应低温的能力提高,不容易受冻害。

除上面讲的低温伤害情况外,还常见幼苗的顶部生长点和嫩叶受低温伤害。这主要是幼苗顶部碰到拱棚薄膜,受外界低温影响大的缘故。受这种冻害的苗,多数出现在斜单面苗床靠近南面的地方。

如果有雪水或薄膜上的结冰水漏入苗床内,落到幼苗上,会发生局部嫩尖、嫩叶受伤害。如冷风直接吹到植株,也会受冻害。

低温伤害在育苗的各个时期都会发生,但以定植前夕发生的可能性较大。定植前夕天气渐渐转暖,正值炼苗期间,遇上突然来临的寒流袭击,稍有疏忽,短时间就会将幼苗全部冻坏,造成不应有的损失。

【防治方法】

1. 培育壮苗，注意炼苗 经过低温锻炼的幼苗比较壮实，抗寒能力提高，能忍受短时间 0℃～1℃低温，壮苗细胞液内糖分等有机物含量高，浓度高，能将冰点降低，这是壮苗比徒长苗抗冻的原因。幼苗的抗寒力除因黄瓜品种不同外，主要受环境条件的影响。增强光照，控制温度，加大昼夜温差，适当通风，以及合理施肥等，都能使幼苗的抗寒力增强。

2. 及时应对天气变化 天气预报寒流来临或小毛毛雨后天气转晴，常会出现霜冻，这时要加强防寒保温。在育苗前期遭遇极寒冷天气时，夜间要把草苫盖严盖厚。如果是阳畦育苗，特别要注意苗床的南侧和两端，往往冻害从这些地方发生。定植前，特别是去掉覆盖物准备定植的苗床，或是覆盖薄膜而夜晚不覆盖草苫的苗床，遇到 0℃以下的寒流，受害最重。所以一定要收听天气预报和预测天气的变化。一旦有寒流可能发生时，应备好覆盖物，加盖保温。夜间要有专人值班，观察苗床内外温度变化，如有寒流温度在 0℃或 0℃以下时，应立即采取临时加温措施。

3. 加强对冻苗的管理 黄瓜幼苗受冻后，第二天上午不要把不透明覆盖物全部撤除，应进行适当遮荫，没有草苫的，太阳出来之前就通风。这两种措施同样使苗床内温度缓慢上升，使受冻幼苗冰晶缓慢溶化，这样细胞间隙的水分不至于被挤出，细胞可缓慢复苏，吸水、膨胀、复原，从而缓解冻害。如冻害已造成黄瓜苗生长点死亡，可将龙头和整株叶片全部摘除，4～5 天后，新龙头便可萌发。

4. 适期定植 露地春黄瓜定植期应安排在终霜以后，选冷尾暖头天气定植。温室黄瓜定植期根据不同温室的保温性能而定，不能不顾温室的保温能力，为提早上市，盲目地将定植期任意提前。由于定植后不便保温，一旦遇到寒流，就会使幼苗受到伤害，甚至导致部分幼苗死亡。曾有农户为提早上市，在同一个温室内，将定植期比往年提早 7 天，结果导致 1/3～1/2 的幼苗被冻死。

黄瓜叶片灼伤

【发病原因】　直接原因是高温、强光。在温室冬茬或冬春茬黄瓜栽培中、后期,当土壤干旱,通风不利,晴天中午不通风或通风量不够,棚室内相对湿度低于80%时,遇40℃左右的高温时,叶片就容易被灼伤,尤其在南部通风口附近直接受阳光照射的叶片更容易被灼伤。采用高温闷棚的办法防治霜霉病时,闷棚操作不当,温度掌握不好时也容易灼伤叶片。

【防治方法】

1. 温度调控　棚室内温度超过黄瓜生长发育正常温度,要立即通风降温。

2. 光照调控　栽培后期,光照过强,棚室内外温差过大,不便通风降温或经通风仍不能降到所需温度时,可采用"回苫"(覆盖部分草苫)的方法遮光降温。

3. 湿度调控　棚室内温度过高,相对湿度较低时,可浇水或喷冷水降温增湿。

4. 正确进行高温闷棚操作　闷棚时要严格掌握温度和时间。温度计要与瓜秧龙头等高,气温44℃、持续2小时(具体操作方法参见黄瓜霜霉病防治方法)。如果温度超过46℃就很易发生叶片灼伤。

黄瓜生理性萎蔫

【发病原因】　主要是由于种植黄瓜的地块低洼,雨后地面长期积水,或者长期进行大水漫灌,使土壤含水量过高,土壤缺氧,造成根部呼吸受阻,吸收机能降低所致。土壤干旱,也会出现生理性萎蔫现象。在嫌氧条件下土壤中的微生物会产生有毒物质,使根系中毒,加重病情。

【防治方法】

1. **选地**　选择地势高燥、平整、排水良好的地块栽培黄瓜,切忌选择低洼地,例如,栽培过水稻的地块不宜栽培黄瓜,如果确实需要在低洼地种植黄瓜,则一定要采用高畦栽培方式。

2. **加强水分管理**　雨后及时排水,严禁大水漫灌,雨后和浇水后及时中耕松土,提高土壤通透性。露地栽培时,在6月中旬前后容易遇到高温、大风天气,特别是当空气较干燥时,应适当增加浇水量。

黄瓜涝害

【发病原因】　土壤含水量过大,导致植株根系呼吸作用受阻,吸收机能下降,生理失调。

【防治方法】　多雨地区露地栽培黄瓜时,应采用高畦栽培。雨后及时排水。夏季大雨过后立即浇水,冲洗地面,降低土壤温度,雨后及时中耕。

黄瓜生理变异株

【发病原因】　育苗用的营养土中速效氮肥含量过高,或在幼苗生长过程中曾经过量施用速效氮肥,或定植时的基肥中含过量速效氮肥。

【防治方法】　生理变异株结瓜较少,对产量有一定影响,发现病株后没有适宜的治疗方法,只能通过在育苗期间和定植初期避免过量施用速效氮肥等措施加以预防。

黄瓜歪头

【发病原因】

1. 乙烯利处理不当 连阴天多的年份育苗,如果按正常年份的浓度和处理次数进行乙烯利处理,会造成乙烯利药害,植株生长会受到抑制,表现为在定植后一段时间内出现歪头,早期产量降低。

2. 品种差异 杂交种、节成性好的品种容易发生歪头。

3. 低温 定植后遇到低温天气,土温长期偏低,根系活动减弱,加之同化作用弱,造成植株营养生长严重削弱,轻者出现歪头,重者出现秃尖。

【防治方法】

1. 正确选种,培育壮苗 选用锦早 3 号、密刺王、中农 13 号、世纪王等杂交品种,一定按品种要求条件进行管理,不能完全套用山东密刺等常用品种的管理经验。特别是育苗期要做好温度管理,缩短苗龄,育出壮苗。

2. 加强水肥管理 缓苗后注意促根控秧,结瓜后要进行变温管理,盛瓜期追肥、浇水,防止植株徒长和早衰,调整好植株生殖生长和营养生长的关系。

3. 补救措施 遇到歪头情况,应及早采收,并摘掉一部分雌花。在温度回升、光照充足时追肥灌水,也可使歪头现象在一定程度上得到缓解。也可适量喷施含硼的复合微肥或其他叶面肥。但不要用喷施赤霉素的方法缓解因乙烯利药害造成的歪头现象,因为这样做容易走向另一个极端,造成植株旺长。

黄瓜白网边叶

【发病原因】 土壤中钾元素含量过剩引起镁元素缺乏时,在黄瓜植株上的一种特殊症状。当土壤中钾/镁达到8时就会引起镁缺乏，导致白网边叶。

【防治方法】

1. 科学施肥　施用腐熟的农家肥，化肥施用要适量，注意氮、磷、钾肥合理配合，氮、钾肥不能一次施用过多。

2. 补充镁肥　应选用保水、保肥力强的壤土栽培黄瓜，如果选用砂土或砂壤土，因为这两种土壤镁含量低，尤其保护地长期种植黄瓜时更易加重缺镁，应注意施用钙镁磷肥或磷酸镁铵等。

3. 补救措施　出现白网边叶时，应及时叶面喷施1%～2%硫酸镁水溶液，可起到临时补救的作用。

黄瓜花斑叶

【发病原因】　叶面凹凸不平是碳水化合物运输受阻而在叶片中积累所至，而叶片变硬和叶缘下垂则是由碳水化合物积累和生长不平衡共同导致的。黄瓜叶片白天光合作用所制造的碳水化合物，一般是在前半夜输送出去的，温度越高输送速度越快。如果夜温尤其是前半夜温度低于15℃则输送受阻，就会使碳水化合物积累在叶片中。另外，低温特别是定植初期土温偏低，会影响根系发育，导致叶片老化，生理抗性降低，也会出现花斑叶。再者，钙、硼不足同样会影响碳水化合物的正常外运。

【防治方法】

1. 加强水肥管理　培育壮苗，定植缓苗后适当控水，加强中耕，提高土温，以促进根系发育。增施充分腐熟的农家肥，补充钙、镁和硼等微量元素。进入结瓜期后，要适量、均匀地浇水，不能过度控水。

2. 调控温湿度　按黄瓜一天中生理活动对温度的要求，调控温度，白天上午保持28℃～30℃，下午25℃左右，上半夜15℃～20℃，下半夜13℃左右。

3. 植株调整　适时摘心,适当打掉底叶,及时盘蔓。

4. 科学用药　使用含铜药剂时,不要随意加大用药量,这类农药的用药间隔期不应短于 15 天,且最好与其他农药交替使用。

黄瓜黄绿杂斑叶

【发病原因】　植株缺钼会出现黄绿斑叶。黄瓜需钼较多,钼可以提高叶绿素的稳定性,并影响碳水化合物的合成和运输。土壤中的含钼量一般能满足黄瓜的需要,但在酸性条件下,土壤有效钼含量下降,容易发生缺钼现象。另外,缺磷、缺硫或铁、锰过剩会加重缺钼症状。

【防治方法】

1. 改良土壤　酸性土壤容易缺钼,应施用石灰改良土壤,土壤酸度下降后,土壤中钼的有效性会明显提高。

2. 增施农家肥　农家肥特别是厩肥含钼量高,可适当多施。

3. 施用钼肥　对缺钼严重的地块可随基肥施入适量的钼酸钠。植株出现缺钼症状时,可叶面喷 0.05%～0.1%钼酸铵水溶液,或 0.1%～0.2%钼酸钠水溶液。

4. 增施磷肥　缺钼与缺磷常相伴发生,磷不足时,单施钼肥效果较差。

黄瓜连阴天叶片黄化

【发病原因】　因品种差异或土壤盐渍化等原因,造成植株长势衰弱,易出现这一现象。此外,前期肥水过勤过大,植株旺长,根量少,叶片中营养元素不平衡,后来遭遇低温或连阴天的逆境后也易出现这一现象。

【防治方法】

1. 选择土壤　选择壤土或砂壤土栽培黄瓜,从而为黄瓜根系生长提供适宜土壤条件。

2. 加强肥水管理 定植后 5～7 天浇 1 次缓苗水,尔后开始蹲苗,时间为 20～30 天,蹲苗期间尽量不浇水,以中耕为主,促进根系发育,这样可提高植株抗性,并为将来大量结瓜打下基础。在施足基肥的前提下,前期必须减少氮肥用量,防止营养生长过旺造成植株抗性降低。

3. 环境调控 保证充足的光照,温室的薄膜要每年更换 1 次,使用旧膜会得不偿失。经常擦洗薄膜,保持较高的透光率。采取各种措施,提高温室保温性能,例如,可在温室前挖 50 厘米深的窄沟,竖直埋 5 厘米厚的聚苯乙烯泡沫板,或在后墙外侧贴 1 层泡沫板,均可起到明显的保温隔热作用。

黄瓜降落伞形叶

【发病原因】 这是黄瓜植株缺钙现象的一种表现形式。冬季遇低温冷害或连阴天,温室气温、地温均低,根系的吸收活动受阻,导致缺钙。定植过深,根系缺氧,也影响对钙的吸收。此外,进入 4 月份后,温室内中午前后温度高,若通风不及时,植株蒸腾作用受阻,钙在植株体内的运送不畅,也会出现降落伞叶。再者,进入 4 月份后,通风量过大,降温速度过快,也会在通风口附近出现降落伞形叶。

【防治方法】

1. 科学通风 冬茬或冬春茬黄瓜栽培后期,温度升高,要及时通风,但通风时不能过急。

2. 提高温室保温性能 这是防治黄瓜降落伞叶的根本方法,如果温室结构不合理,在遭遇低温连阴天时应采取多种有效的保温措施。

黄瓜金边叶

【发病原因】 与降落伞形叶类似,这是缺钙的又一种表现形式,根本原因是缺钙,土壤酸性强或多年不施钙肥易发生。此外,多种因素亦诱发土壤缺钙。

1. **土壤干旱** 蹲苗阶段,在管理上要求适度地控制浇水,有些菜农过于强调这一点,迟迟不浇水。在土壤水分少,土壤溶液浓度增高的情况下,植株对钙的吸收受阻,导致缺钙。

2. **施用化肥过量** 土壤中氮、镁、钾含量过高,会抑制植株对钙的吸收。

3. **缺硼** 在土壤呈碱性的条件下,植株对硼的吸收受阻会诱发对钙的吸收受阻,造成缺钙。

【防治方法】 因土壤干旱引发缺钙时,只要浇水,以后长出的新叶就不会出现金边了。但是,冬季的低地温影响到根系对钙的正常吸收时,也会出现缺钙症状,以后天气恢复正常,温度升高,缺钙症状也会自然消失,但已经出现的金边不会消失。在砂性较大或酸性土壤上用施用石灰的方法改良土壤时,石灰用量不可过大,防止土壤碱性过强。对于缺硼引起的金边叶,可叶面喷施硼酸或硼砂等硼肥。

黄瓜白化叶

【发病原因】 白化叶致病原因是植株缺镁。黄瓜植株进入盛瓜期后,对镁的需求量增加,此时镁供应不足易产生缺镁症。缺镁可以是土壤中缺少镁,或土壤中本不缺镁,但由于施肥不当而引起镁吸收障碍,造成植株缺镁。钾过量、氮肥偏多、钙多将会影响植株对镁的吸收,磷缺乏也将引起阻碍植株对镁的吸收。

【防治方法】 注意改良土壤,避免土壤过酸或过碱。合理施肥,施足充分腐熟的农家肥,适量施用化肥。注意氮、磷、钾肥的合理配合,勿使氮、钾过多,磷不足。钙肥要适量,过多易诱发白化叶。特别注意肥料不要一次过量集中施用。合理灌水,不要大水漫灌。土壤湿度过大会抑制根系对镁的吸收,而镁也易随雨水、灌溉水流失。易发生白化叶的棚室或地块,可用黑籽南瓜嫁接黄瓜,及时叶面喷施 0.5%～1% 的硫酸镁水溶液,或含镁复合微肥。

黄瓜泡泡叶

【发病原因】 关于泡泡叶的发生原因,目前众说纷纭,莫衷一是。但可明显地看出,泡泡叶的产生与环境条件不良有关,特别是低温、弱光下易发生。定植初期气温低,植株始终处于缓慢生长状态,在生产上遇到阴雨天气持续时间长,日照严重不足,后来天气突然转晴,温度迅速提高;或阴天低温浇水减少,晴天升温后浇大水等,均易发生泡泡叶。因而有人认为泡泡叶的发生是某些黄瓜品种不适应低温、弱光环境的一种表现。

【防治方法】

1. 选用耐低温弱光的品种 如长春密刺、新泰密刺等密刺系统品种(注意:因消费习惯的差异,某些地区不喜食用密刺系列品种)。

2. 加强环境调控 早春棚室地温应保持在 15℃～18℃,控制灌水,严禁大水漫灌。无滴膜的透光率高、保温性强、防尘性好,在实际生产中表现很好。冬茬生产时,可在温室后墙上张挂反光幕,增温补光。亦可进行二氧化碳施肥。

黄瓜枯边叶

【发病原因】

1. 盐害 因大量施用化肥,土壤盐渍化。

2. 失水　在棚室内高温、高湿的情况下,突然通风,致使叶片急速失水且失水量过多。

3. 药害　喷农药时,因药液浓度偏高或药液偏多,药液积存于叶缘而造成药害。

【防治方法】

1. 科学施肥　进行配方施肥,多施农家肥,农家肥要充分腐熟后再施用。追施化肥要适量、均匀,尽量少施硫酸铵等有副成分残留的化肥,以降低土壤溶液浓度。

2. 洗盐　对于土表有白色盐类析出的盐渍化土壤,可在夏季休闲期灌大水,连续泡田 15～20 天,使土壤中的盐分随水分淋溶到深层土壤中。

3. 科学通风　切忌通风过急、过大,即使需要大通风,也要逐渐加大通风量。

黄瓜白点叶

【发病原因】　黄瓜叶片上产生白色斑点有多种原因。亚硝酸气害、二氧化硫气害都能使叶片产生白色斑点,病斑较大,亚硝酸气害病斑的叶背面有凹陷。产生细碎小白斑可能是钙或镍过剩所致,两者小白斑形状、大小相似,难以区分。钙过剩产生的白斑多发生在植株底部叶片上,镍过剩产生的白斑多发生在植株中、上部叶片上。而且镍过剩时,植株顶部新叶的叶缘有时枯死,拔出病株可见根系发育不好,主根变褐,侧根不伸长。

【防治方法】

1. 改良土壤　对含钙过剩的土壤,可适当施用硫黄粉改良,或施用硫酸铵、氯化铵、氯化钾、硫酸钾等酸性肥料。适当增加浇水量,洗去碱性钙。

2. 地面覆盖　土壤干燥,盐类浓度变高,可地面覆盖碎草,减少水分蒸发。

3. 降低土壤镍含量 对含镍过多的土壤,施用碳酸钙等碱性物质,可使土壤中代换性镍显著减少,减轻危害。镍污染严重的小块土壤,可考虑换土。

4. 合理施肥 增施农家肥,保持土壤肥力。注意复合微肥的使用,避免缺铜、缺锌症发生。

黄瓜叶片皱缩症

【发病原因】 植株缺硼会出现叶片皱缩症。越冬黄瓜在冬至到春节期间,如果前半夜温度低于 13℃,到气温高和生长旺盛期的 5 月份之后,光合产物不能正常转运,且根小,吸收能力弱,就会导致缺硼。露地栽培的黄瓜遇雨,土壤积水,根系吸收受阻,也会导致缺硼。

【防治方法】 叶面喷施 1～2 次 800 倍的硼砂溶液,或每 667 平方米追施硼砂 1 千克,就可以解除缺硼症。但应注意,施硼过多,会抑制植株对铁的吸收,叶片会黄化。

黄瓜顶端匙形叶

【发病原因】 黄瓜植株顶端叶片呈匙状叶,是由于土壤中缺铜所致。黄瓜对铜元素较敏感。一般土壤含铜较丰富,有效铜含量也较高,不易发生缺铜症。但因土壤中的铜很难移动,粘土和有机质对铜又有较强的吸附作用。因此,在粘土和有机质含量高的土壤可能发生缺铜症。保护地黄瓜由于连年大量施用农家肥,在 pH 值大于 6.5 的腐殖质土中易出现缺铜症状,这是因为腐殖酸钙对铜的螯合作用降低了铜的有效性。

【防治方法】

1. 土壤改良 酸性土壤上因为高浓度的可溶性铝对铜的沉淀作用,使铜吸收困难。应施用石灰进行改良。

2. 科学施肥　适量施用腐熟农家肥,注意氮、磷、钾肥合理配合使用。

3. 多用含铜杀菌剂　防治黄瓜霜霉病、细菌性角斑病等常见病害时,尽量使用含铜的杀菌剂,防病的同时可同时起到补铜作用。

4. 补铜　黄瓜植株出现缺铜症状后,应及时叶面喷布0.1%～0.2%硫酸铜水溶液。

黄瓜下部叶片变黄

【发病原因】　下部叶片变黄的主要原因是根系因低温受损,吸收功能变差,有人称之为生理性枯干,多是由于灌溉水的温度低导致地温低,或温室保温性能差,或浇水后遇到连阴天等一种或多种原因造成的。一般只要在阴天结束后采取相应措施即可恢复。下部叶片变黄的其他原因有:定植过密,植株郁闭;缺肥,尤其是缺氮肥等。

【防治方法】　根系因低温受损而下部叶片黄化时,喷奈乙酸和爱多收等促进根系发育,同时浇小水,随水冲入硝酸铵(每667平方米10千克),而后密闭温室,尽量提高温度,经7～10天,转入正常的温度管理。因植株郁闭或缺肥致使下部叶片黄化时,可通过浇水施肥,改善通风透光条件,打掉底部老叶,整枝、盘蔓等措施加以补救。

黄瓜褐色小斑症

【发病原因】　关于发病原因,目前尚有许多不明之处。

1. 锰过剩症引起的叶脉褐变　叶内锰的含量过高,一般先从网状支脉开始出现褐变,然后发展到主脉,形成"褐脉叶"。如果锰的含量继续增高,则叶柄上的刚毛变黑,叶片开始枯死。锰过剩可能是因为土壤中的锰被激活成可吸收状态,但也有的是因为经常施用含锰的农药所致。

2. 低温多肥引起的生理障碍　在低温多肥的情况下,沿叶脉出现黄色小斑点,并逐渐扩大为条斑,近似于褐色斑点。其发病多在下位老叶,而且是从叶片的基部主叶脉附近的叶肉开始,集中在几条主叶脉上,呈向外延伸状。从症状特异、集中发病等情况考虑,可能是某些特定品种在低温多肥的环境下产生的一种生理障碍。

也有人认为这是低温多肥引起的生理性褐变,属锰过剩的慢性发作,但发病机理尚不十分清除。土壤偏酸性、土质粘重、有机质含量高、土壤湿度大时,活性锰含量高。因此,种植年限较长的棚室,土壤往往酸化,当大量施用农家肥,遇土壤低温、高湿时,土壤中的锰呈还原状态,活性增加而易被植株吸收,造成锰中毒。另外,不同品种对锰过剩的忍耐能力不同,一般喜长日照的耐热的夏季型黄瓜品种在棚室内栽培时,在低温、短日照时期易出现褐色小斑症,低温会助长病情发展。

3. 菊苣假单胞病　沿黄瓜叶的主脉出现系列黄色不规则枯斑,对光观察可在黄色斑内看到如同地图上标明是城镇房屋街道样的相连的方块。河北永年县长期从事温室黄瓜技术推广工作的凌云昕曾请日本专家带回国后鉴定,将病原定为菊苣假单胞,属细菌性病害。

【防治方法】

1. 科学选种　选用喜短日照且耐低温、弱光的品种,如山东密刺、新泰密刺、津春 3 号、中农 5 号、津优 2 号、中农 13 号等。

2. 改良土壤　把土壤酸碱度调整到中性,避免在过酸、过碱的土壤上种黄瓜。

3. 科学施肥　施用充分腐熟的农家肥,适时、适量追肥。要注意钙的施用,土壤缺钙易导致锰元素过剩。

4. 加强管理　定植后,注意增温、保温,适量浇水,土壤不能过湿或过干。

5. 叶面喷肥　出现褐色小斑症,可喷施含磷、钙、镁的叶面肥。

6. 药剂防治　有菊苣假单胞病引发的褐色小斑症,通常在叶片背面有菌脓,确诊后可喷农用链霉素、细菌杀星等防治细菌性病害的药剂。

黄瓜植株急性萎凋

【发病原因】

1. 土壤过湿　土壤含水量过高,造成根部窒息。在无氧气条件下,土壤中会产生有毒物质,伤害根系。

2. 结瓜休眠症　嫁接黄瓜结果数过多,生殖生长过旺,而营养生长过弱,产生休眠症。

3. 养分运输受阻　嫁接不亲合或嫁接的结合部浅,嫁接夹子去掉过晚,伤害了植株茎外层的韧皮部,这样,在幼苗阶段植株需要养分少,难以看出营养缺乏症状,一旦植株结果,输送养分的通道——韧皮部被切断,会导致根系缺少养分,发育不良,吸收功能减退,必然造成萎蔫。

4. 感染病菌　病原菌从嫁接口或整枝后叶柄部侵入,造成茎部软腐,也引起急性萎凋。

5. 露地高温　露地栽培的黄瓜在夏季高温干燥的炎热中午,突降暴雨后转晴,此时气温很高,造成瓜叶蒸腾作用受阻,再加上气温、土温居高不下,致使植株不能正常、不断地调节体温。黄瓜植株体温失常,从而引起整株叶片突然萎蔫,重时急性萎凋。

6. 棚室栽培遇到连阴后骤晴天气　保护地黄瓜遇连续雨雪天气,不揭开草苫,黄瓜不能进行光合作用,植株处于饥饿状态,土壤温度低,根系活动很微弱。一旦暴晴,揭开草苫,室温很快上升,空气湿度下降,黄瓜叶片蒸腾量大,蒸腾速度快,而地温低,根系弱,不能充分吸水补充叶片蒸腾消耗的水分,使叶片急性萎蔫。如不及时采取措施,则会由暂时萎蔫迅速发展成永久性萎蔫,造成茎叶萎凋。

【防治方法】

1. 加强管理 培育壮苗,定植密度要适宜。加强定植后管理,适度蹲苗,促进根系深扎,增强吸肥、吸水能力。合理浇水施肥,保持植株生长健壮,特别要防止植株徒长和早衰。结瓜数不宜太多,一般每节留1～2条瓜即可,保持营养生长和生殖生长平衡。黄瓜叶片出现急性萎凋,采取"压清水"的办法抢救,即雨后天晴时,要马上浇水,以降低地面和近地面温度,浇水时应打开排水口,使水经瓜田流过再迅速排出去,这样降温效果良好。如生产上面积大或水源不充足,可隔畦浇水,浇水后及时中耕,保持土温正常,也可起到防治作用。高畦栽培,到炎热雨季时应做好排水工作,防止根系缺氧。做好病害预防工作,特别注意细菌性病害的侵染。

2. 环境调控 保护地黄瓜遇连续雨雪天气几天见不到阳光,一旦放晴,不要把草苫都揭开,最好是先揭开少部分草苫,使瓜秧逐渐适应较强的光照环境,再逐渐多揭开些,直至最后全部揭开。揭开草苫后,发现萎蔫,要立即放下草苫,叶片恢复后再揭开草苫,经过几次反复,直至不再萎蔫。叶片萎蔫比较严重时,可用喷雾器向叶片上喷清水。

3. 提高嫁接质量 注意嫁接切口深度,及时去除嫁接夹,不要损伤嫁接部位的组织。

黄瓜秃尖

【发病原因】 黄瓜秃尖既和品种有关,也与环境条件有关。杂交种较一般品种易发生,越是结成性好的品种发生越重。环境条件的影响主要是低温,特别是定植后遇到较长时间的低温。由于土温长期上不来,根系活动减弱,加之阴天较多,同化作用弱,造成植株营养生长严重削弱,轻者出现歪头,重者出现秃尖。如果定植缓苗后未能很好促根控秧,初花期以后未进行变温管理,又过早地进行追肥灌水,更会促进和加重秃尖发生。

【防治方法】

1. 科学选种　对于锦早 3 号、密刺王等杂交品种,一定按品种要求条件进行管理,不能完全套用山东密刺等常用品种的管理经验。特别是育苗期要做好温度管理,缩短苗龄,育出壮苗。

2. 环境调控　土温稳定在 10℃ 以上时,适时定植。缓苗后做好促根控秧工作,结瓜后根据黄瓜的生理活动规律进行变温管理,结瓜中期追肥、浇水,防止植株徒长或早衰,调整好植株生殖生长和营养生长的关系。

3. 补救措施　发现秃尖现象后,应及早采收根瓜,并摘掉一部分雌花。在温度回升、光照充足时追肥灌水,可在一定程度上得到恢复。还可适量喷施含硼的复合微肥和叶面肥。

黄瓜花打顶

【发病原因】

1. 干旱　用营养钵育苗,钵与钵靠得不紧,水分散失多。苗期水分管理不当,定植后控水蹲苗过度造成土壤干旱。地温高,浇水不及时,新叶没有发出来,导致花打顶。

2. 肥害　定植时施肥量大,肥料未腐熟或没有与土壤充分混匀或一次施肥过多(尤其是过磷酸钙),容易造成肥害。同时,如果土壤水分不足,溶液浓度过高,使根系吸收能力减弱,使幼苗长期处于生理干旱状态,也会导致花打顶。

3. 低温　温室保温性能不好或遇到低温寡照的天气,育苗期间夜间温度低,晚上温度不超过 15℃,致使白天光合作用制造的养分不能及时输送到各部分而积累在叶片中(营养在 15℃～16℃ 条件下,需 4～6 小时才能运转出去),使叶片浓绿皱缩,造成叶片老化,光合机能急剧下降,而导致花打顶。另外,白天长期低温也易导致花打顶。

4. 伤根 在土温低于 10℃～12℃,土壤相对湿度 75% 以上时,低温高湿,造成沤根,或分苗时伤根,长期得不到恢复,植株营养不良,也会出现花打顶。

5. 药害 喷洒农药过多、过频造成较重的药害。

【防治方法】

1. 疏花 花打顶实际是生殖生长过于旺盛,营养生长太弱的一种表现,因此,先要减轻生殖生长的负担,就要摘除大部分瓜纽。需要特别注意的是,在温室冬春茬黄瓜定植不久,由于植株生长缓慢,往往在生长点处聚集大量雌花(小瓜纽),常被误认为是花打顶,其实,只要正常地进行浇水施肥,待黄瓜节间伸长后,这一聚集现象会自然消失。一些无经验的菜农将其误诊为花打顶,按防治花打顶的方法进行疏瓜处理,结果贻误结瓜最佳时期,造成惨重损失。

2. 叶面喷肥 通过摘掉雌花等方法促进生长,尔后喷施 0.2%～0.3% 的磷酸二氢钾。也可喷施促进茎叶快速生长的调节剂,或硫酸锌和硼砂的水溶液,还可喷专治花打顶的药剂——花打顶(山东寿光晓山肥业有限公司产,每袋加水 50 升),也有很好的效果。

3. 水肥管理 发生花打顶后,浇大水后密闭温室保持湿度,提高白天和夜间温度,一般 7～10 天即可基本恢复正常,其间可酌情再浇 1 次水,以后逐渐转入正常管理。适量追施速效氮肥和钾肥(硝酸钾或硫酸钾)。

4. 温度管理 育苗时,温度不要过高或过低。应适时移栽,避免幼苗老化。温室保温性能较差时,可在未插架前,夜间加盖小拱棚保温。定植后一段时间内,白天不通风,尽量提高温度。

黄瓜龙头龟缩

【发病原因】

1. 低温冷害 温室保温性能差,遭受低温冷害的黄瓜植株表现为节间明显缩短,叶片增厚变小,叶脉间叶肉隆起,叶缘向下卷曲使叶片呈降落伞状,结瓜部位明显上移,及至接近或达到生长点的部位。最上一片展开叶向前弯曲覆盖生长点上,严重者生长点周围满布小瓜纽,生长点下陷,以致萎缩。有时在叶面上出现一些不明原因的干枯斑。

2. 生长势衰弱 植株营养生长明显衰弱,但生殖生长过盛,造成生长点萎缩。一般下部叶片基本正常,但上部叶片变小,茎变细,最上部第一片展开叶弯曲,生长点变小。根系浅,结瓜部位上移或不上移。

3. 定植时浇水不当 定植过迟过早或水量不足,导致根系少而浅,或栽植过深,根系不发,或低温季节定植时所浇的水的温度低,或水量过大等。遇有这种情况时,通常是植株在定植后生长缓慢或不长,叶片少而小,生长点龟缩或消失。

4. 施肥不当 定植后生长期间施用氮、磷过多,且缺水,或营养不良时,一般是叶片小、结瓜部位明显上移乃至花打顶,生长点萎缩变小。

【防治方法】 加强水肥管理,促进茎叶生长。这一做法的基本思路是对头的,但并没有找到问题的症结,因而只能是治标的方法,往往奏效慢或不能从根本上解决问题。综观不同情况下出现的生长点萎缩,其发生的原因都是因为根系受到抑制或损伤的结果,也就是说生长点萎缩的植株,虽然症状在地上,但原因在地下,因此,挽救的正确方法是必须先救根,刺激根系恢复生长和发生新根。方法就是用促进根系发生的生长调节剂灌根,如5毫克/升的奈乙酸,同时加入爱多收,或施用过磷酸钙、食醋、硫酸锌的混合溶液。

在此基础上,一般还要人工减轻植株的生殖生长负担,方法就是摘除植株上大部或全部已经开花或尚未开花的瓜纽,尔后再在植株上喷促进茎叶生长的生长调节剂,如天然芸薹素、科资891或植株动力2003等。随后在根部随水冲施硝酸铵,浇水量宜大,封闭温室5～7天,白天的温度可顺其自然,尤需尽量保持较高的夜间温度。一般经过上述处理后,植株的上部会很快长出一段新的茎叶,以后就可转为正常管理。

黄瓜无雌花

【发病原因】 黄瓜属于雌雄异花同株型作物,在一个植株中,既开雄花又开雌花,雌雄有一定的比例。雌花数目多少除与品种固有特性有关外,主要受环境条件和植株营养状况的影响。目前较公认的是低夜温(13℃～15℃),短日照(8小时)条件下,黄瓜幼苗体内氮化合物较少而碳水化合物较多时则促进雌花发生。相反,夜温高,长日照,湿度大的条件下,氮化合物较多而碳水化合物较少时则雌花较少。另外,苗床过于干燥,氮肥过多条件下也会产生大量雄花。有的菜农不了解黄瓜性别分化的原因,只认为提高温度,多施化肥就可以促进生长,往往造成营养生长过旺,茎叶过大,影响了生殖生长,最后造成雄花数目增多,只开花不结瓜的现象。

【防治方法】 苗床培养土要加入适量磷、钾肥,减少氮肥用量。当黄瓜第一片真叶展开后,及时降低夜温,维持在13℃～15℃,同时光照缩短在8小时左右。土壤保持湿润,降低空气相对湿度。增施二氧化碳气肥,其浓度可达1000毫克/千克。喷洒50～150毫克/千克的乙烯利2～3次。

黄瓜雌花过多

【发病原因】 冬春茬黄瓜育苗期间,低温寡照,有利于雌花的形成,对于节成性很强的品种,如长春密刺等,可不进行乙烯利处理,即使处理,浓度也应偏低,否则会形成过量雌花,如果乙烯利处理浓度超过 200 毫克/千克,还会出现既没有雌花也没有雄花的极端现象。而在秋冬茬黄瓜育苗期间,正值高温季节,不利于雌花形成,定植后瓜纽少,此时用乙烯利处理,由于温度偏高,药效明显,如果不相应降低浓度,往往形成过量雌花,植株生长也会受到抑制。

【防治方法】

1. 严格掌握乙烯利处理浓度 高温季节对黄瓜幼苗进行乙烯利处理时,浓度一般为 50~150 毫克/千克,最高不可高于 200 毫克/千克。冬春茬栽培节成性强的品种时,幼苗会自然分化出大量雌花,可不进行乙烯利处理。

2. 疏瓜与水肥管理 当黄瓜植株每节都有大量雌花时,通常要进行疏瓜,一般每节选留 1 个瓜纽,水肥充足留 2 个,最多不超过 3 个,多余者及早疏除。

任何事情都不是绝对的,在管理水平高和栽培经验丰富的情况下,雌花过多也不一定是坏事,有的种植者无论在早春还是秋冬季节栽培棚室黄瓜,每隔一段时间,都用矮丰灵、增瓜灵等药剂处理黄瓜植株,促其形成大量雌花,同时多浇水,多施肥,尤其多施农家肥,使雌花坐住,每节都能形成 4~5 个瓜,陆续采收。由于有大量的瓜在吸收养分,因而在大水大肥的条件下植株也不会旺长。

3. 补救措施 对于秋冬茬黄瓜喷乙烯利后出现雌花过多现象,可通过喷赤霉素和增加水肥供应量等措施加以缓解,随时间推移,乙烯利的效应会自然消除。

黄瓜蔓徒长

【发病原因】 黄瓜栽植过密,氮肥施得过多,水分足,温室内湿度大,特别是夜温高,昼夜温差小,使营养生长过旺,易出现蔓徒长。

【防治方法】

1.合理密植 黄瓜生长势较强,如栽植密度大,氮肥用量过多,就易引起瓜秧徒长。因此,温室黄瓜应适当稀植,并加强肥水管理,培育壮苗。采用大小行栽培,小行距不小于 50 厘米,大行距不小于 100 厘米,一般每 667 平方米栽 3 700～4 000 株即可。

2.合理追肥 为防止瓜秧徒长,追肥时间、数量应根据土壤肥力和基肥施入量来确定,一般根瓜膨大之前每 667 平方米追尿素 15～20 千克,钾肥 10 千克左右,以后追肥要本着少量多次的原则,每采收 2 次可追 1 次肥,追肥后及时浇水。发生徒长后要施肥复壮,办法是每 667 平方米追施腐熟鸡粪或豆饼 1 000 千克,磷、钾肥各 25 千克,重施农家肥,补充多元素营养,防止缺肥虚长。对缺少雌花的温室,在上午 8～10 时施放二氧化碳气肥,或在晚上燃烧麦草(连续烧 3～4 个晚上),再喷 50～150 毫克/千克的乙烯利增瓜。

3.适时浇水 结瓜期以前,应以中耕保墒提高地温为主,浇水要做到见湿见干,结瓜期要及时浇水,一般每隔 6～10 天浇 1 次水,但要注意每次浇水应在摘瓜前进行,这样可预防徒长。顶瓜收完后控制浇水,促进新根发生,回头瓜膨大时及时浇水。发生徒长后则应停止浇水,困秧促瓜,待植株上的幼瓜膨大后再浇水,但以少浇为佳。

4.控制温湿度 黄瓜缓苗后,根据室外温度,适当通风,使室内温度白天控制在 22℃～25℃,夜间 15℃～18℃。到根瓜采收后,室内温度白天控制在 25℃～30℃,夜间 13℃～15℃。湿度保持在

$60\%\sim80\%$，防止棚内温湿度过高，造成秧苗徒长。因高温导致徒长后，应将棚内夜温由 $12℃$ 以上逐步降至 $6℃\sim5℃$，低温炼秧 $5\sim6$ 天，然后再恢复到 $12℃$ 左右，以此抑制徒长，同时，白天加大通风量，增加透光量，降低茎叶体内含水量。

5. 看秧绑蔓　瓜蔓长到 30 厘米左右开始绑蔓上架或用尼龙绳吊蔓，第一次直立绑架上，以后发现瓜蔓生长旺盛可左右弯曲绑架，弯曲度与松紧度视秧的长势而定，如瓜秧旺而结瓜少的弯曲度要大，且绑紧。

6. 看秧收瓜　根瓜对瓜秧有明显影响，根瓜采收较晚时，会使黄瓜营养生长受到抑制，植株生长缓慢。因此，瓜秧徒长和生长弱时，要早收根瓜，防止根瓜坠秧。

黄瓜结瓜状态异常

【发病原因】　开花节位距离植株顶部的距离大于 50 厘米，是植株徒长的表现，肥水充足，氮肥施用过量，日照不良，夜间温度高等情况下易形成这类株型。开花节位距离生长点小于 40 厘米，采瓜部位距顶端近，则为老化型，是由于养分、水分供应不足，或虽然有养分、水分供应但植株根系不能正常吸收而造成的结瓜疲劳现象，是植株生长势衰弱的一种表现。严重时开花节位到达瓜蔓的顶端，这说明植株生殖生长过旺，而营养生长极度衰弱。土壤过湿、过干、低温、根系衰弱或受到损伤时会出现这一情况。雌花淡黄、短小、弯曲，横向甚至向上开放，也是植株生长势衰弱的表现。

【防治方法】　分析发病原因，采取相应管理和补救措施。

黄瓜化瓜

【发病原因】　化瓜是养分不足，或各器官之间互相争夺养分造成的。在低温弱光等不利条件下，黄瓜瓜纽很多，要使每个瓜纽都长成商品瓜几乎是不可能的,因此,在一定限度内,化瓜是正常的,是植株本身自我调节的结果。如若坐瓜很少,瓜纽大量化掉,就是一种生理病害。下列几种情况下,植株会出现大量非正常化瓜。

1. 低温弱光 苗期或生长前期遇到连阴天等低温弱光天气,植株会形成大量雌花,但有的温室温度低,光照不足,植株光合作用弱,制造的养分少,不能满足每个瓜条生长发育对养分的需求。温度过低,白天低于20℃,晚上低于10℃,根系吸收能力也会受到影响,导致植株因"饥饿"而化瓜。

2. 昼夜高温 温度过高也会造成化瓜,在正常二氧化碳浓度和空气湿度下,当白天温度超过35℃时,植株光合作用制造的养分与呼吸作用消耗的养分达到平衡,使养分得不到积累;夜温高于18℃,呼吸作用增强,养分消耗过多,又使养分白白浪费,使瓜条得不到养分的补充而化掉。

3. 管理不当 大量施用氮肥,浇水过多,茎叶徒长,消耗大量养分,或缺水缺肥,这些因素均会导致化瓜。

空气中二氧化碳含量为0.03%,基本可以满足光合作用的需要。但因棚室密封,空气不流通,日出后光合作用强烈,使二氧化碳浓度迅速降低到0.01%以下,很难满足光合作用的需要,致使有机营养不足,容易引起化瓜。因此,上午要及时增施二氧化碳气肥。空气中二氧化硫、氨、乙烯等含量过高也会引起化瓜。

黄瓜开花结果期,营养生长与生殖生长必须协调。如果定植密度过大,或茎叶徒长,田间密闭,通风不良,光照不足时,容易引起化瓜。生殖生长过旺,雌花数目过多,瓜码过密,植株负担过重,养分供应不足,也产生化瓜。

【防治方法】 引起化瓜的原因很多,应根据当地条件,分析其主要原因,采取相应对策,才能防治。

1. 人工授粉 某些品种因单性结实能力差引起的化瓜可通过人工授粉、在温室内放养蜜蜂等措施,刺激子房膨大,降低化瓜率,通常可使化瓜率下降70%左右。

2. 增强光照 连续阴雨、低温时,植株光合作用和根系吸收能力受到影响,使营养不良易发生化瓜。为了增加温室内的光照量,只要外界气温不低于-20℃,即使阴天,也应及时揭帘,使植株接受散射光。揭苫后,擦掉膜上的灰尘,增加透光率。有条件时,也可利用灯光补充光照。

3. 喷施叶面肥和生长调节剂 用1%磷酸二氢钾加0.4%葡萄糖加0.4%尿素及15.5毫克/千克的保瓜灵(鞍山市园艺所生产)喷洒叶面。在结瓜期采用人工授粉的同时,用100毫克/千克的赤霉素喷花,可促进瓜条生长,防止因低温化瓜,可增产30%以上。

4. 温度调控 出现大量化瓜后,棚室温度应从低掌握,晴天白天23℃~25℃,不超过28℃,夜间10℃~12℃或更低。温度过高时,应加强通风管理,把棚室温度控制在适于黄瓜正常生长发育的范围内。

5. 气体调控 及时通风,排出有害气体。进行二氧化碳施肥。

6. 协调营养生长与生殖生长的关系 针对生长失调引起的化瓜,应加强肥水管理,使黄瓜叶面积指数达到3.5~4叶片,受光姿态合理,即叶柄与茎夹角成45°,以便提高群体光合物质的生产能力,延长最适叶面积指数时间。采瓜要及时,特别是根瓜应及早采收。及时摘除畸形瓜,疏除过密瓜。

黄瓜畸形瓜

【发病原因】

1. 单性结实 黄瓜未经授粉也能单性结实,在营养条件较好时可发育成正常瓜条,但有些单性结实能力弱的品种,在植株长势弱或因温度、湿度、光照等条件不良植株光合作用降低时,不经授粉就容易结出尖嘴瓜。

2. 授粉受精不完全 授粉不完全,或虽已授粉但受精不完全,或受精后植株干物质合成量少,营养物质分配不均匀而造成蜂腰瓜、大肚瓜或弯曲瓜。在高温干燥期生长势减弱或生长发育各阶段水肥供应丰欠不均,易发生蜂腰瓜、大肚瓜,或弯曲瓜。缺硼也会导致蜂腰瓜。也有人认为,缺钾或生育波动时也易发生蜂腰瓜。

3. 花芽分化异常　在花芽分化和花芽发育过程中,由于营养不良、温度障碍等原因不能形成正常子房,雌花子房发生弯曲,外观上从子房长度 15～25 毫米时开始弯曲,随着子房增大,弯曲角度增大。估计在雌花开花前 12 天左右子房开始明显弯曲,6 天前后稍稍急转弯,此后变缓。一般开花时子房小的弯曲度大,随子房变长变粗,弯曲度减小。

4. 机械作用　除生理原因外,极少数弯曲瓜的形成是由于外物阻挡造成的。本应垂直的瓜条,由于支架、吊绳、绑蔓、卷须缠绕等原因,使正在伸长的瓜条夹挤在茎蔓、支架上,不能垂直生长而形成弯瓜。

【防治方法】

1. 选用单性结实能力强的品种　如长春密刺、津春 3 号、马房营旱黄瓜等。

2. 科学施肥　控制化肥施用量,增施农家肥。生产实践表明,农家肥的大量施用除可以使黄瓜表现出良好的丰产性外,能明显减少甚至杜绝畸形瓜的出现。

3. 环境调控　进入结果期,要做好温度、湿度、光照和水分管理工作。要避免温度过高或过低,不要大水漫灌,要小水勤浇,不要一次施肥过多,要掌握少量多次的原则。

4. 植株调整　结瓜期随时绑蔓,及时摘除卷须、黄叶、老叶。根瓜要及时采收,在结瓜期最好每天都采瓜,以保持植株旺盛的长势。

黄瓜苦味瓜

【发病原因】 黄瓜苦味的发生是由于瓜内含有一种苦味物质——苦瓜素的缘故。一般存在部位以近果梗的肩部为多,前端较少。苦味有品种遗传性,所以苦味的有无和轻重因品种而不同。同时生态条件、植株的营养状况、生活力的强弱均影响苦味的发生,有时,同一株上的瓜,根瓜发苦,而以后所结的瓜则不苦。如果某品种黄瓜的苦瓜素含量比较高,而在定植前后水分控制过狠,果汁浓度高,相对的苦瓜素含量比较高,因而吃时显得发苦。此后大量浇水,生育迅速,于是苦味大大变淡,所以就不感其苦了。另外氮肥多,温度低,日照不足,肥料缺乏,营养不良,以及植株衰弱多病等情况下,苦瓜素易于形成和积累。就目前来看,不含苦瓜素的黄瓜是没有的,只不过多数品种由于苦瓜素的含量少而被其他可溶性固形物所掩盖而已。

【防治方法】 选用苦味小的品种。合理施用各种微量元素肥料,勤灌水,避免水分亏缺。避免低温、高温、干旱及光照不足的不良影响。总体来讲,要设法使黄瓜的营养生长和生殖生长,地上部和地下部的生长平衡。

黄瓜瓜佬

【发病原因】 出现这样的情况时,有的人误认为是品种问题,其实这是由环境条件造成的。黄瓜是雌雄同株异花植物,但刚分化出的花芽不分雄雌,将来到底是发育成雌花还是雄花,主要依赖于花芽发育过程中的环境条件。因为黄瓜是短日照作物,低温和短日照有利于雌花的形成,而高温长日照则会使花芽向雄花方向发展。在冬季、早春日光温室环境下,基本上有利于雌花的形成,但也存在适于雄花发育的因素。在偶然条件下,同一花芽的雌蕊原基和雄蕊原基都得到发育,就形成了两性花,即完全花。所谓完全花就是一个花朵里既有雄蕊,又有雌蕊,由这样的花结出的黄瓜,就是瓜佬。除两性花结出瓜佬外,生产上还常见在温室通风不良,或遭受高温障碍时,同样也会结出圆球样的瓜佬。

【防治方法】 在花芽分化时要尽量创造白天 25℃~30℃,夜间 10℃~15℃,8 小时光照,相对湿度 70%~80%,土壤湿润,二氧化碳充足等条件,促进雌蕊原基发育而抑制雄蕊原基发育。结成瓜佬的完全花多产生于早期,可以结合疏花疏掉。

黄瓜坚秧

【发病原因】 结瓜初期,植株尚小,营养积累量少,处于发育中的根瓜(植株下部第一条瓜)具有很强的争夺植株养分的能力,如根瓜采收不及时,会消耗大量同化物,致使上部的瓜因不能得到足够的营养而不能坐住或虽然坐住但生长缓慢。

【防治方法】 采收根瓜的标准与上部的瓜不同,要提早采收,掌握宁小勿大的原则,不能等到充分长大再采。

黄瓜卷须异常

【发病原因】 卷须下垂呈弧形或打卷,折时稍有抵抗感,表明不缺肥而缺水,此外,在主枝摘心后,畦面呈半干燥状态,或因轻度的肥料浓度障碍,使根受伤,也有类似现象。卷须直立表明水分过多。卷须细而短,表明植株营养不良。卷须先端卷起,表明植株已老化。卷须细、短、硬、无弹力、先端呈卷曲状,用手不易折断,咀嚼时有苦味,先端呈黄色,表明植株即将发病。因为一般卷须先端细胞浓度高,黄化时表明细胞浓度降低,是植株衰弱的象征。

【防治方法】 因缺水发病时,应及时浇水,并用含氨基酸或微量元素的水剂喷雾,只需连喷 2~3 天,即可恢复。因营养不良、植株衰弱而卷须异常时,应及时追肥。

黄瓜肥害

【发病原因】 肥害主要是由于在温室内大量施用化肥,尤其是硝态氮肥造成的。

磷过剩是由于过量施用磷肥所至。磷素过多能增强作物的呼吸作用,消耗大量碳水化合物,叶肥厚而密集,生殖器官过早发育,茎叶生长受到抑制,引起植株早衰。由于水溶性磷酸盐可与土壤中锌、铁、镁等营养元素生成溶解度低的化合物,降低上述元素的有效性。因此,因磷素过多而引起的病症,除上述症状外,有时会以缺锌、缺铁、缺镁等的失绿症表现出来。

【防治方法】

1. 科学施肥 增施农家肥,减少化肥施用量,对温室栽培的黄瓜来讲,农家肥的增产效果很好,并能提高土壤对化学肥料的缓冲能力,且不会造成土壤盐渍化。

2. 及时浇水 发现症状后,通过及时浇水、提高温度等措施来促进生长,一般 7～15 天后肥害会自行解除。

3. 合理施用磷肥 防治磷过剩应科学施用磷肥。在减少磷肥施入量的同时,提高肥效。土壤如为酸性,磷呈不溶性,虽然土中有磷的存在也不能吸收,因此适度改良土壤酸度,可提高肥效。施用堆厩肥,磷不会直接与土壤接触,可减少被铁或铝所结合,对根的健全发育及磷的吸收很有帮助。

黄瓜缺肥

【发病原因】 施肥量不能满足黄瓜生长发育的需要,则表现缺肥症状。

栽培土壤砂性强,质地粗糙,容易缺氮。因下雨或大量浇水,土壤中的氮元素以硝酸根形态流失。土壤微生物的反硝化作用使氮以铵态氮的形式挥发。此外,氮肥施用不足、不及时或施用不均匀,秸秆肥施用过多(消耗大量的氮素)、灌水量过大等,都能造成缺氮。

钾肥施用量不足、地温低和铵态氮肥施用量过大也容易使黄瓜缺钾。

土壤缺锌,或土壤速效磷含量过高时,黄瓜容易出现缺锌症状。另外,土壤 pH 值高,即使土壤中有足够的锌,但呈不溶解状态,根系不能吸收利用,也会造成缺锌。光照过强可使黄瓜缺锌症状加重。

目前,我国多数地区缺铁现象不严重,多是因其他营养元素投入过量引起的铁吸收障碍,如施硼、磷、钙、氮过多,或钾不足,均易引起缺铁。

黄瓜植株进入盛瓜期后,对镁的需求量增加,此时镁供应不足易产生缺镁症。缺镁可以是土壤中缺少镁,或土壤中本不缺镁,但由于施肥不当而引起镁吸收障碍,造成植株缺镁。钾过量或磷缺乏都会影响植株对镁的吸收。氮肥偏多对镁的吸收也有影响。钙多也易造成缺镁。

【防治方法】

1. 科学施肥 增施农家肥做底肥,在黄瓜栽培中,大量施用农家肥能使黄瓜表现出良好的丰产性。及时追肥,作为临时的应急措施,可叶面喷施 0.2% 的尿素溶液,或 0.3%～0.5% 磷酸二氢钾溶液。注意,尿素质量差或浓度高时易产生肥害。

2. 补施钾肥 每 667 平方米施硫酸钾 10～15 千克作基肥,在结瓜盛期每 667 平方米再追施 5～10 千克硫酸钾。

3. 补施锌肥 如发现黄瓜表现缺锌症状,可以用 0.1%～0.2% 的硫酸锌或氯化锌水溶液进行叶面喷施。在下茬定植以前每 667 平方米施用硫酸锌 1～1.5 千克。同时,注意避免土壤呈碱性,施用石灰改良土壤时不要过量。

4. 补施铁肥 每 667 平方米缺铁土壤追施硫酸亚铁 5 千克，对缺钾土壤补钾也能促进植株对铁的吸收。

5. 补施镁肥 缺镁症发病初期，叶面喷施 0.5%～1% 的硫酸镁水溶液或含镁复合微肥。

黄瓜盐害

【发病原因】 目前生产上出现的土壤盐渍化多是由于在大棚、温室等保护设施中大量施用化肥所致。在大量施用化肥的情况下，如果处理不当，经多年栽培后，土壤盐分含量提高，就会出现土壤盐渍化。盐类有易溶于水、稍溶于水和几乎不溶于水几类。棚室中以溶于水的盐类危害最大。因为当它们溶于水后，使得土壤溶液浓度增高，土壤本身虽有一定的缓冲能力，但其缓冲能力有限，当一次施用氮素化肥量过大时，就有大量的离子游离出来，对蔬菜产生危害。

露地条件下的土壤溶液浓度为 3 000 毫克/千克左右，而温室大棚的土壤溶液浓度能达到 10 000 毫克/千克，甚至 20 000 毫克/千克以上。土壤的积盐过程大体可分为 4 个阶段。第一阶段：土壤全盐浓度在 3 000 毫克/千克以下，此期大多数蔬菜不会受害，但对耐盐能力较弱的草莓、鸭儿芹等会部分受害。第二阶段：土壤全盐浓度 3 000～5 000 毫克/千克，由于盐分的积累使作物对水分和养分的吸收失去平衡，从而间接地对作物的生长发育产生障碍，如番茄产生脐腐病，果菜类蔬菜的果实膨大出现缓慢。第三阶段：土壤全盐浓度 5 000～10 000 毫克/千克，此期土壤溶液中可以检测出较多的铵。由于铵的积累障碍了作物对钙的吸收，植株颜色发黑或出现萎蔫等。第四阶段：土壤全盐浓度 10 000 毫克/千克以上，此阶段作物直接受到盐类浓度的障害，在水分不足时，出现萎凋和枯死。

土壤盐渍化还会引发氨的积累危害。土壤的高盐量抑制了土壤微生物的活动,使得不同形态的氮素向硝态氮转化过程中断,使中间产物氨在土壤中大量积累。氨的积累使蔬菜被迫吸收利用,引发多氨症。患有多氨症的植株叶色变得特别深,或变成卷叶,以致生长显著不良。另外,氨多还阻碍植株对钙的吸收,出现缺钙症状。多氨时,如果温度管理不当,氨的气化或亚硝酸的气化,都可能引发气体危害。

土壤盐渍化会引发缺素症。通常情况下,缺素症是在土壤中营养元素的相对含量不足时发生。但土壤出现积盐时,离子之间的互相干扰,使作物出现多种缺素症状。

【防治方法】

1. **科学施肥** 预防土壤积盐的最根本的方法是坚持以施用农家肥为主,科学合理地施用化肥,特别是速效氮肥,严禁过量施用。其次是要选择那些施入土壤后对土壤溶液浓度增加较小的化肥品种,如硝酸铵、过磷酸钙、磷酸二氢铵等。一旦土壤积盐发生,除了注意科学施肥外,还应采取措施加以消除。

2. **水淹** 夏季休闲期采用淹水高温处理,既有消除盐害的作用,又可杀死土壤中的病原菌等。

3. **夏季种植玉米** 播种玉米等粮食作物可吸收土壤中过量的速效氮,再适时将其埋入土下,利用绿体分解过程中大量滋生的微生物来进一步消耗过量的速效氮。

4. **换土** 起出表土或换用新土,或在地面覆盖一层瘠薄的土壤。

5. **洗盐** 利用夏季休闲期间,向温室内灌水,大水洗盐,将盐分溶于水中,而后再排放到大棚、温室外。比较先进的方法是在地下铺设排水管道,灌水洗盐排出田外。

黄瓜酸碱度障碍

【发病原因】 发生酸碱度障碍的主要原因是土壤酸化,而土壤酸化是由于大量、盲目施用化肥。土壤呈酸性或碱性主要取决于经常施用的化肥属于生理酸性盐还是生理碱性盐。如果硝酸钾等硝酸盐的用量较多,则土壤呈生理碱性;反之,如果主要用硝酸铵、硫酸铵等铵态氮、尿素以及硫酸钾作为氮源和钾源,则土壤多呈生理酸性。生产上,土壤酸化现象较为严重。

【防治方法】 目前,生产上施肥时存在很大的盲目性,很容易发生盐害和酸碱度障碍。为解决这一问题,应采用配方施肥技术,根据黄瓜生长发育的需要科学确定所施肥料的种类和用量。但对于普通菜农来讲,不易做到。实践表明,最简单有效的解决方法是增施农家肥,农家肥具有较强的缓冲能力,缓解因施肥过量造成的各种危害。在大量施用农家肥的棚室中,很少发生酸碱度障碍现象。

南瓜裂瓜

【发病原因】 长期干旱或为防灰霉病等控水过度,突降大雨或浇大水时,因果肉细胞吸水膨大,而果皮细胞已老化,不能与果肉细胞同步膨大,从而造成果皮膨裂。幼果遭受某些机械伤害出现伤口,果实膨大过程中则以伤口为中心开裂。另外,开花时钙不足,花器缺钙,也可导致幼果开裂。

【防治方法】

1. 科学施肥 精细整地,施足腐熟农家肥,注意氮、磷、钾肥配合使用。开花期喷施绿芬威或氯化钙,预防植株缺钙。

2. 合理浇水 避免土壤干旱或过湿,特别要注意避免在土壤长期干旱后突然浇大水。

3. 温度调控 棚室栽培时,要避免温度过高、过低,生长期温度保持 18℃~25℃为宜。

此外,农事操作时防止幼瓜受机械损伤。

南瓜氨害

【发病原因】 追施铵态氮肥或大量施用未腐熟的厩肥、人粪尿、鸡粪和饼肥时,氨气会从土壤中挥发出来,使叶片尤其是靠近土壤的叶片受害。

【防治方法】

1. 科学施肥 避免施用未腐熟的农家肥,追施尿素、碳酸氢铵和硫酸铵时,每次的施用量不要过大,并且要开沟深施,施肥后浇水,不能将肥料撒施在土壤表面。预防土壤盐渍化和酸化。

2. 测报和通气 在早晨用 pH 试纸蘸取棚膜水滴,检查酸碱度,如果 pH 值大于 8.2,应及时通风,排出空气中的氨气。

南瓜缺镁

【发病原因】

1. 土壤供镁不足 土壤供镁不足是造成蔬菜缺镁的主要原因。我国东南部温暖多雨,淋溶比较强烈,一般为缺镁症易发区域,特别是轻质土壤更甚。影响土壤有效镁高低的因素主要有以下几个方面:其一,土壤的风化程度。不同的土壤由于成土母质和风化程度不同,其含镁量不尽相同,红壤风化程度高,矿物分解比较彻底,一般含镁很少,只有 0.06%~0.3%,紫色土风化程度低,含镁可高达 3%。一般土壤全镁量与有效镁有较好的相关性,全镁高的土壤有效镁也比较高。江南一带的红壤性蔬菜基地缺镁较易发生,需要重视镁肥的施用。其二,土壤质地。土壤砂性强,镁容易被淋洗,土壤中有效态镁低,往往不能满足作物生长的需要。一般不同质地有效镁由低到高的顺序是:砂土、砂壤土、壤土、粘土。质地较粗的缺镁土壤主要分布在河谷、丘陵地区,其蔬菜基地也应更加关注。其三,土壤酸碱性。土壤有效镁与酸碱性密切关系,土壤有效镁随土壤酸性增加(pH 值下降)而降低。酸性较强的土壤往往供镁不足,主要原因是酸促使有效镁淋失。

2. 气候条件 气候条件对缺镁的影响主要有两个方面,一是多雨,二是干旱和强光。多雨导致镁的流失,这种影响是大区域性的,如南方缺镁土壤分布多。干旱、强光诱发缺镁是一种小区域影响。例如,处于畦边田角充分暴露于阳光下的蔬菜比处于内行互相荫蔽的有多发、重发倾向。干旱减少了蔬菜对镁的吸收,夏季强光会加重缺镁症,可能是强光破坏了叶绿素,加速叶片褪绿。

3. 施肥不当 当蔬菜过量施用钾肥和铵态氮肥时会诱发缺镁,因为过量的钾、铵离子破坏了养分平衡,抑制了植株对镁的吸收。蔬菜普遍地偏施氮肥,也是目前蔬菜缺镁较多的原因之一。

【防治方法】

1. 施用镁肥 对于土壤供镁不足造成的缺镁可施镁肥补充,一般用硫酸镁等镁盐,每 667 平方米用量约 2～4 千克（按 Mg 计）。对一些酸性 土壤最好用镁石灰(白云石烧制的石灰)50～100 千克,既供给镁,又可改良土壤酸性。许多化肥如钙镁磷肥都含有较高的镁,可根据当地的土壤条件和施肥状况因地制宜加以选择。据一些资料报道,磷肥和镁肥配合施用有助于镁的吸收。

对于根系吸收障碍而引起的缺镁,应采用叶面补镁来矫治。一般可用 1%～2% 的硫酸镁溶液,在症状严重之前喷洒,每隔 5～7 天喷 1 次,连喷 3～5 次。也可喷施硝酸镁等镁肥。

2. 控制氮钾肥的用量 对含镁最低的土壤,要防止过量氮肥和钾肥对镁吸收的影响。尤其是大棚蔬菜往往施肥过多,又无淋洗作用,导致根层养分积累,抑制了镁的吸收。因此,大棚内施氮、钾,最好采用少量分次施用的方式。

南瓜果皮木栓化

【发病原因】 主要原因是缺硼。多数蔬菜吸收硼量远大于粮食和其他经济作物。因此,对于多年种蔬菜的土壤来说,如果农家肥施入量少,且不施硼肥,就容易缺硼。缓冲能力较弱的砂壤土更容易缺硼。此外,在为调节土壤酸碱度而用撒石灰的方法改良土壤时,如果施入石灰过多,土壤呈碱性,会降低硼的有效性,也会导致缺硼。浇水过多、土壤干旱、施用钾肥过多等也会影响植株对硼的吸收。

【防治方法】

1. 增施农家肥 增加农家肥的施用量,可改良土壤,增强土壤保水力,促进根系生长,提高对硼的吸收能力。

2. 施硼肥 对于砂壤土、有机质含量少的土壤、多年种菜的地块,更应适量施用硼肥。出现缺硼症状时,可叶面喷施 0.1%~0.25%的硼砂或硼酸溶液。

3. 合理灌溉 不要让土壤忽干忽湿,避免降低根系对硼的吸收能力。

南瓜化瓜

【发病原因】 温室早春温度低,大棚后期温度过高,导致花粉发育不良,当湿度大时花粉又不易散出,雌花不能受精,不能形成种子,也就不能合成足够的生长素(IAA),从而导致化瓜。肥水管理不当,造成植株徒长,打破营养生长与生殖生长的平衡。在这种情况下,如果人工授粉不及时,错过最佳授粉时机,也容易导致化瓜。

【防治方法】

1. 农业措施 促进植株正常生长发育,加强保温措施,加强肥水管理,防止土壤水分和氮肥过多造成徒长。适时摘除侧枝,西葫芦基本节节有瓜,因竞争养分,不可能全部坐住,应尽早摘除难以坐住的瓜。根据植株长势采收,弱株应尽量早采收,旺株、上部雌花较多可适当早采收,徒长株应适当晚采收。

2. 药剂处理 可用 25～30 毫克/千克的 2,4-滴或 50 毫克/千克的防落素(番茄灵)涂抹花梗,用 80～150 毫克/千克的赤霉素喷果。

3. 进行人工授粉 于开花期的每天上午 9 时前后摘取雄花,去掉花瓣,将花药上的花粉涂抹在雌花柱头上。

西葫芦叶片破碎

【发病原因】

1. 日灼 早春扣小拱棚种植西葫芦时,生长较快的叶片时常紧贴膜壁,易造成日烧,被灼部位干枯、发白、易破碎。

2. 不良环境危害 棚内植株没有经过锻炼,突然揭膜后植株不能适应低温、干燥环境,使叶片尤其是叶缘焦枯。刮风时,叶片在地面上摔打,叶片受害部位首先破碎,重时整个叶片破碎。

3. 自然老化 6 月中下旬,进入炎热的夏季,西葫芦也进入生长后期,叶片会自然老化,出现普遍的叶片破碎现象。

【防治方法】

1. 农业措施 适期播种,适时定植。加强水肥管理,避免偏施、过施氮肥,增施磷、钾肥,定植缓苗后适当控水蹲苗。

2. 适期揭膜 小拱棚应稍高稍宽些,避免揭棚前植株叶片贴附棚膜。外界最低温度稳定在 12℃以上时揭膜。揭膜前 7 天开始锻炼,先在背风向开通风口,风口逐日加大,揭膜前 2 天迎风向也开通风口,双向通风,然后选晴天上午去除薄膜。揭膜后及时浇水。

3. 拉秧 对于采收基本结束,已经自然衰老的植株,无需再采取其他防治措施,应及时拉秧,栽植其他蔬菜。

西葫芦畸形果

【发病原因】

1. **大肚瓜形成原因** 虽然已经授粉,果实受精不完全时,仅仅在先端形成种子,由于种子发育过程中会吸引较多的养分,所以先端果肉组织优先发育,特别肥大,最终形成大肚瓜。养分不足,供水不均,植株生长势衰弱时,极易形成大肚瓜。在缺钾时更易形成大肚瓜。

2. **蜂腰瓜形成原因** 授粉不完全,或受精后植株干物质合成量少,营养物质分配不均匀而造成蜂腰瓜。在高温干燥期生长势减弱易发生蜂腰瓜。缺硼也会导致蜂腰瓜。也有人认为,缺钾或生育波动时也易发生蜂腰瓜。

3. **尖嘴瓜形成原因** 养分供应不足,在瓜的发育前期温度高,或根系受伤,或肥水不足,造成养分、水分吸收受阻。大量使用化肥,土壤含盐量过高导致土壤溶液浓度过高,抑制根系对养分的吸收。浇水过多,土壤湿度过大,根系呼吸作用受到抑制,导致吸收能力降低。植株已经老化,摘叶过多或叶片受病虫危害,茎叶过密,通风透光不良,在肥料、土壤水分不足等情况下,也易产生尖嘴瓜。

4. **棱角瓜形成原因** 形成棱角瓜的直接原因是植株供瓜条发育的养分不足。这是由于土壤养分不足,生长后期脱肥,植株早衰,或生长后期植株老化造成的。

【防治方法】

1. **大肚瓜防治** 保证水肥充足而均匀地供应,尤其要确保钾肥的供应,维持旺盛的植株长势。

2. **蜂腰瓜、尖嘴瓜防治** 控制化肥施用量,增施农家肥。进入结果期,要做好温度、湿度、光照和水分管理工作。要避免温度过高或过低,不要大水漫灌,要小水勤浇,不要一次施肥过多,要少量多次。及时采收,保持植株旺盛的长势。

3. 棱角瓜防治　加强水肥管理,尤其是生长中后期要避免脱肥,防止植株早衰。适量疏瓜,及时采收。

西葫芦化瓜

【发病原因】

1. 花粉发育不良　温室早春温度低,大棚后期温度过高,导致花粉发育不良,当湿度大时花粉又不易散出,雌花未能受精,不能形成种子,也就不能合成足够的生长素(IAA),从而导致化瓜。

2. 人工授粉不及时　人工授粉是低温季节栽培时的必要操作,如果错过最佳授粉时机,容易导致化瓜。

3. 早春低温短日照影响　8～10小时的短日照虽对雌花分化和发育有利,但短于7小时的过短日照,反而对坐瓜不利。

4. 生长失调　肥水管理不当,导致植株徒长,打破了营养生长与生殖生长的平衡。

【防治方法】

1. 农业措施　促进植株正常生长发育,加强保温措施,加强肥水管理,防止土壤水分和氮肥过多造成徒长。摘除侧枝,西葫芦基本节节有瓜,因竞争养分,不可能全部坐住,应尽早摘除难以坐住的瓜。瓜长到适宜大小时要及时采收,例如,金皮西葫芦要在果皮鲜黄色时采收,不能等到变为暗黄色时再采收,这样会消耗大量养分。

根据植株长势采收,弱株应尽量早采收;旺株,上部雌花较多可适当早采收;徒长株应适当晚采收。

2. 药剂处理　可用25～30毫克/千克的2,4-滴或50毫克/千克的防落素(番茄灵)涂抹花梗,用80～150毫克/千克的赤霉素喷果。

3. 进行人工授粉　开花期,每天上午9时前后摘取雄花,去掉花瓣,将花粉均匀地涂抹到雌花的柱头上。

葫芦苗期缺氮

【发病原因】 氮肥施用量不足,施肥不均匀、不及时;浇水量过大,氮素流失。

【防治方法】 增施农家肥,防止育苗后期或栽培后期脱肥。进行地膜覆盖,防止氮素流失。发现缺氮症状要及时喷施尿素或含氮复合肥。

甜瓜缺钾缺镁复合症

【发病原因】 这是植株缺钾缺镁共同造成的,其根本原因并不是土壤中钾、镁含量少,而是由于大量偏施氮肥,尤其是偏施硫酸铵、碳酸氢铵等铵态氮肥,抑制了根系对钾、镁的吸收,导致植株缺钾、缺镁。

【防治方法】

1. 合理追肥 严格控制铵态氮肥的施用量,增施农家肥和磷、钾肥,表现出缺钾缺镁症状时,立即停施氮肥,补充磷、钾肥。

2. 叶面喷肥 叶面喷施 0.2%～0.3%的磷酸二氢钾和 0.5%～1%硫酸镁 ,每 2 天 1 次,连喷 2～3 次,症状会逐渐消失。

甜瓜缺镁

【发病原因】 甜瓜缺镁的发生条件主要是低温,较低的土壤温度会抑制根系对镁的吸收。在地温低于 15℃时,土壤中镁含量虽然较高,但根系的吸收能力弱,特别在施钾肥较多时,甜瓜对镁的吸收会受到严重影响。另外,一次性大量地施用铵态氮肥也容易造成甜瓜缺镁。

【防治方法】 提高地温,在甜瓜坐瓜及膨大期保持地温在

15℃以上,多施用农家肥。如果叶片出现缺镁症状,可叶面喷施0.5%～1%的硫酸镁水溶液,每2天1次。

网纹甜瓜畸形瓜

【发病原因】 所有畸形瓜均发生在果实发育快慢剧烈变化的时期,不同形状的畸形果发生阶段不同。果实的发育过程是开花后13天左右先纵向生长,然后横向生长加快。因此,如果网纹发生以前正常发育,以后发育不良,则长成长形果;相反,若后半期膨大,则形成扁平果。同一果实,因果梗一端提早停止发育,顶端花蒂部位很晚才停止,因此,开花后经7～15天时间,果实发育由纵向转向横向膨大,这时如果赶上降雨或根部受伤,果实膨大短期(2～3天)受到促进或抑制,就会发生梨形果或尖顶果。开花35天后,如果果实膨大加剧,则果实内维管束周边组织快速发育,果实沿维管束纵向隆起,凹凸不平,形成棱角果。棱角果也俗称"南瓜果"。棱角果是发育后期果实膨大速度过快引起的,因此,也较容易变成扁平果。

本来网纹甜瓜在适宜条件下可以获得正常形状的果实,但是自然界的气候变化影响了温室内的小气候,造成果实变形。低温期栽培网纹甜瓜时,基本是在人工创造的环境下生长发育,畸形果发生少。温暖季节栽培时,温室门窗经常打开通风,温室内环境条件易受外界影响,畸形果发生率升高。果实发育后半期的膨大速度与前半期相同时,不形成长形果,形成正形果。茎叶过于繁茂,开花时的子房大,初期果实肥大较快,这种情况下开花以前就应控制灌水量,抑制茎叶生长。冬季低温期日照不足,植株营养不良,后期果实膨大不好,容易出现长形果。

【防治方法】 高温与多湿促进果实膨大,低温与干燥抑制果实膨大,湿度大时或连续晴天时应该控制果实发育,根据天气变化进行灌水与通风换气管理。

植株茎叶细弱,开花时子房小,容易长成扁干果,应该促进植株健壮生长,增加大花数量。

网纹发生以后,如果能抑制果实的超常膨大,则可有效防止棱角果的出现。但是,当初期发现果实较小时,无论如何都希望发育后期果实能迅速膨大,长成大果。这时应该同预防扁平果一样,维持较强的生长势,生育初期促进果实膨大。

网纹甜瓜裂果

【发病原因】 所有裂果均发生在果实急剧膨大期。组织柔软时,仅表面组织裂伤,即形成网纹,这是正常现象。到成熟期,整个组织已经老化、硬化,若果实膨大压力集中在果肉最薄的果顶,则发生裂果。另外,果实发育期间,表层组织硬化程度高时,果实急剧膨大,即形成裂果。

果实组织硬化与膨大程度受环境条件左右。一般低湿、低温管理,硬化快,膨大不良。相反条件下,果实肥大良好。栽培网纹甜瓜时,如果果实发育处于早春低温干燥期,收获期正值温暖多雨期,则裂果发生多。另外春季和秋季气候不稳定时,果实膨大不匀,也容易出现裂果。

【防治方法】 天气条件不良时,土壤水分及空气湿度升高,造成果实急剧膨大,容易发生裂果。这时应该预知当天夜间或第二天的天气状况,据此安排前一天的灌水及通风换气管理。在保护地周围可挖设排水沟,防止地下水位上升。修建保护地的场地应选择地下水位稳定、排水良好的地块。

网纹甜瓜无网纹或网纹少

【发病原因】 果实表层组织开花后 7～10 天停止发育,深层组织继续发育,组织越深停止发育越晚。表面停止发育、硬化后,内部组织再发育、膨大时,表面的硬化部分裂开,这就形成了网纹。但如果表层组织不硬化,一直发育,或虽然硬化,但后来果实整体发育不良,都会导致果实表面无网纹或网纹少。

栽培环境恶劣或植株营养状态不良时会影响网纹的发生。在高温、高湿条件下,组织硬化延迟,易导致网纹发育不良。冬季日照不足,果实膨大不良,生产上常进行高温多湿管理,人为地促进果实发育,但由于日照不足引起的营养不良现象仍然存在,导致果实表面网纹少或没有网纹。肥料障碍、病虫害等引起根及茎叶受伤,则果实发育停止,也会出现这一现象。

【防治方法】 开花后控制灌水量,促进果实表层组织的硬化(果皮变成白绿色,敲击时声音大),这样做仍无法满足网纹发生所需条件时,将夜间温度降低2℃~3℃,中午加强通风换气,降低室内湿度。开花后20天尚未出现网纹时,将夜间温度降到12℃左右,能促进网纹出现。已经出现部分网纹的果实,可以用针在果皮上轻轻划道,人工补充网纹,改善果实的外观品质。

苦瓜肥害

【发病原因】 苦瓜肥害多是由于施肥失误造成的,直接原因是一次施入化肥过多。春季低温干燥天气会加重病情。

【防治方法】 科学施肥,施肥时要掌握少量多次的原则,施肥要均匀。保护地栽培时,注意提高温度,保持土壤湿度,提高根系的吸收能力和对肥料的忍耐力。发现症状后应及时浇水缓解。

佛手瓜肥害

【发病原因】 佛手瓜的幼苗对人粪尿特别敏感,如果施用或过量施用,就会产生上述症状,严重的引起幼苗枯萎而死。

【防治方法】 选已发芽的种瓜种植。播种后勿浇水。幼苗期不要施用人粪尿,应在栽植前或翌年的春季萌芽前,在定植坑四周挖掘环状沟施肥。栽植前应挖1米见方大穴,穴内施充分腐熟的农家肥100千克,拌入磷肥1千克,草木灰5千克或施用酵素菌沤制的堆肥。种瓜定植时瓜蒂向下,瓜脐上长出的芽向上,以后可行常规的中耕、除草、灌水和追肥。及时设立支架,经常扶蔓上架。当主蔓长到10节左右时摘心,促生子蔓、孙蔓,一般留2~3根健壮的,其余可剪下来。

三、虫害防治

蚜　虫

【发生规律】　瓜蚜在华北地区1年发生10多代,于4月底产生有翅蚜迁飞到露地蔬菜上繁殖危害,直至秋末冬初又产生有翅蚜迁入保护地。北京地区以6~7月份虫口密度最大,危害严重;7月中旬以后因高温高湿和降雨冲刷,不利于蚜虫生长发育,危害减轻。

桃蚜在我国北方1年发生10余代,南方则多达30~40代不等,因世代短,代数多,世代重叠严重。在北方,冬季迁至桃树上,产生雄蚜和雌蚜,交配后于桃树的芽腋、小分枝或枝梢裂缝里产卵并以卵越冬,翌年3~4月份孵化,繁殖几代后产生有翅蚜,迁飞到蔬菜上危害,有一部分冬季不迁回桃树上,而在菜心里以卵或雌蚜越冬,温室内的桃蚜可终年在蔬菜上繁殖危害。

【防治方法】

1. 科学栽培　合理安排蔬菜茬口可减少蚜虫危害。例如,韭菜挥发的气味对蚜虫有驱避作用,可与番茄、茄子等蔬菜搭配种植,能降低蚜虫的密度,减轻蚜虫危害。也可在菜田周围种育苗、架菜豆、高粱等高大作物,截留蚜虫,减少迁飞到菜田内的蚜虫数量。

2. 生物防治　蚜虫的天敌有七星瓢虫、异色瓢虫、龟纹瓢虫、草蛉、食蚜蝇、食虫蟓、蚜茧蜂及蚜霉菌等,应选用高效低毒的杀虫剂,并应尽量减少农药的使用次数,保护这些天敌,以天敌来控制蚜虫数量,使蚜虫的种群控制在不足为害的数量之内。也可人工饲养或捕捉天敌,在菜田内释放,控制蚜虫。

3. 消灭虫源　木槿、石榴及菜田附近的枯草、蔬菜收获后的残株病叶等,都是蚜虫的主要越冬寄主。因此,在冬前、冬季及春季要彻底清洁田间,清除菜田附近杂草,或在早春对木槿、石榴等寄主喷药。无论是集体还是个体经营的菜田,都有约定时间,同时用药,避免有翅蚜在各地块间迁飞,降低用药效果。

4. 喷施农药　必要时喷洒 50%灭蚜松乳油 2 500 倍液,或 20%速灭杀丁(杀灭菊酯)乳油 2 000 倍液,或 2.5%溴氰菊酯乳油 2 000～3 000 倍液,或 2.5%功夫乳油(除虫菊酯)3 000～4 000 倍液,或 50%抗蚜威(又名辟蚜雾、比加普、灭定威、Rapiol)可湿性粉剂 2 000～3 000 倍液,或 20%丁硫克百威 1 000 倍液,或 40%菊·马乳油 2 000～3 000 倍液,或 40%菊杀乳油 4 000 倍液,或毙螨灵 1 500～2 000 倍液,或 2.4%威力特微乳剂 1 500～2 000 倍液,或 21%灭杀毙乳油 6 000 倍液,或 5%顺式氯氰菊酯(又名快杀敌、高效安绿宝、百事达、高顺氯氰菊酯、亚灭宁)乳油 1 500 倍液,或 10%蚜虱净可湿性粉剂 4 000～5 000 倍液,或 15%哒螨灵乳油 2 500～3 500 倍液,或 20%多灭威 2 000～2 500 倍液,或 4.5%高效氯氰菊酯 3 000～3 500 倍液,效果较好。

5. 燃放烟剂　适合在保护地内防蚜,每 667 平方米用 10%杀瓜蚜烟雾剂 0.5 千克,或用 22%敌敌畏烟雾剂 0.3 千克,或用 10%氰戊菊酯烟雾剂 0.5 千克。把烟雾剂均分成 4～5 堆,摆放在田埂上,傍晚覆盖草苫后用暗火点燃,人退出温室,关好门,次日早晨通风后再进入温室。

6. 喷粉尘剂　适合在保护地内防蚜,傍晚密闭棚室,每 667 平方米用灭蚜粉尘剂 1 千克,用手摇喷粉器喷施。在大棚内,施药者站在中间走道的一端,退行喷粉;在温室内,施药者站在靠近后墙处,面朝南,侧行喷粉。每分钟转动喷粉器手柄 30 圈,把喷粉管对准蔬菜作物上空,左右均速摆动喷粉,不可对准蔬菜喷,也不需进入行间喷。人退出门外,药应喷完,若有剩余,可在棚室外不同位置,把喷管伸入棚室内,喷入剩余药粉。

7. 避蚜　银灰色对蚜虫有较强的驱避性,可用银灰地膜覆盖蔬菜。先按栽培要求整地,用银灰色薄膜(银膜)代替普通地膜覆盖,然后再定植或播种。蔬菜定植搭架后,在菜田上方拉 2 条 10 厘米宽的银膜(与菜畦平行),并随蔬菜的生长,逐渐向上移动银膜条。也可在棚室周围的棚架上与地面平行拉 1～2 条银膜。也可用银灰色薄膜覆盖小拱棚或用银灰色遮阳网覆盖菜田,也可起到避蚜作用。

8. 黄板诱蚜　有翅成蚜对黄色、橙黄色有较强的趋性。取一块长方形的硬纸板或纤维板,板的大小一般为 30 厘米×50 厘米,先涂 1 层黄色广告色(又名水粉,美术商店有售),晾干后,再涂 1 层粘性黄色机油(机油内加入少许黄油)或 10 号机油;也可直接购买黄色吹塑纸(美术商店有售),裁成适宜大小,而后涂抹机油。把此板插入田间,或悬挂在蔬菜行间,高于蔬菜 0.5 米左右,利用机油粘杀蚜虫,经常检查并涂抹机油。黄板诱满蚜后要及时更换,此法还可测报蚜虫发生趋势。目前,市场上已经有黄板出售。

9. 洗衣粉灭蚜　洗衣粉的主要成分是十二烷基苯黄酸钠,对蚜虫等有较强的触杀作用。因此,可用洗衣粉 400～500 倍液灭蚜,每 667 平方米用液 60～80 升,喷 2～3 次,可收到较好的防治效果。

10. 植物灭蚜　烟草磨成细粉,加少量石灰粉,撒施;辣椒或野蒿加水浸泡 1 昼夜,过滤后喷洒;蓖麻叶粉碎后撒施,或与水按 1∶2 混合,煮 10 分钟后过滤喷洒;桃叶在水中浸泡 1 昼夜,加少量石灰,过滤后喷洒。

美洲斑潜蝇

【发生规律】 发生期为 4~11 月份,发生盛期有两个,即 5 月中旬至 6 月份和 9 月份至 10 月中旬。美洲斑潜蝇为杂食性,危害大。

【防治方法】

1. 种子处理 每千克种子用 50%保苗种衣剂 2~3 毫升,加适量清水,充分搅拌,包裹种子,晾干后播种。

2. 消灭虫源 早春和秋季蔬菜种植前,彻底清除菜田内外杂草、残株、败叶,并集中烧毁,减少虫源。种植前深翻菜地,活埋地面上的蛹。最好再每 667 平方米施 3%米尔乐颗粒剂 1.5~2 千克毒杀蛹。发生盛期,中耕松土灭蝇。

3. 药剂防治 一般药剂的效果都不理想,目前较好的药剂是微生物杀虫剂齐螨素(又名阿维菌素、艾福丁、爱福丁、农家乐、除虫菌素、阿巴丁、铁砂掌、7051、害极灭、爱立螨克、爱比菌素、杀虫菌素、阿维杀虫素、阿凡曼菌素、螨虫素、阿维兰素、阿弗菌素、灭虫清、农哈哈、强棒、畜卫佳等),这是一种全新的抗生素类生物杀螨杀虫剂,具有胃毒和触杀作用,主要有 1.8%、0.9%、0.3%乳剂 3 种剂型,使用浓度分别为 3 000 倍液、1 500 倍液和 500 倍液。为了提高药效,在配制药液时,需加入 500 倍的消抗液(害立平、消虫亡等)增效剂,还可加入适量白酒。

此外,还可选用 20%丁硫克百威(又名丁硫威、好年冬、好安威、克百丁威、丁呋丹、丁基加保扶)乳油 1 000 倍液,或 1.8%虫螨克 2 500 倍液,或 40%绿菜宝、98%巴丹原粉 1 000~1 500 倍液,或 35%苦皮素 1 000 倍液,或 2.4%威力特微乳剂 1 500~2 000 倍液,或斑潜皇(广东惠州中迅化工有限公司产)2 000~2 500 倍液,或 2.5%菜蝇杀乳油 1 500~2 000 倍液,或 20%多灭威 2 000~2 500 倍液等药剂。每隔 7 天喷 1 次,共喷 2~4 次。

防治幼虫,要抓住瓜类蔬菜子叶期和第一片真叶期,以及幼虫食叶初期,叶上虫体长约1毫米时打药。防治成虫,宜在早上或傍晚成虫大量出现时喷药。重点喷田边植株和中下部叶片。生长期间,喷洒48%乐斯本乳油1 000倍液,毒杀老熟幼虫和蛹。成虫大量出现时,在田间每667平方米放置15张诱蝇纸(杀虫剂浸泡过的纸),每隔2~4天换纸1次,进行诱杀。

4. 黄板诱杀 在田间插立或在植株顶部悬挂黄色诱虫板,进行诱杀。北京林茂商贸有限责任公司与中国农业科学院蔬菜花卉研究所联合研制开发了"环保捕虫板",已上市销售。

棉 铃 虫

【发生规律】 全国各地均有发生。内蒙古、新疆1年发生3代,长江以北4代,华南和长江以南5~6代,云南7代。以蛹在土壤中越冬。5月中旬开始羽化,5月下旬为羽化盛期。第一代卵最早在5月中旬出现,多产于番茄、豌豆等作物上,5月下旬为产卵盛期。5月下旬至6月下旬为第一代幼虫危害期。6月下旬至7月上旬为第一代盛发期,6月下旬至7月上旬为第二代产卵盛期,7月份为第二代幼虫危害期。8月上中旬为第二代成虫盛发期,8月上旬至9月上旬为第三代幼虫危害期,部分第三代幼虫老熟后化蛹,于8月下旬至9月上旬羽化,产第四代卵,所孵幼虫于10月上中旬老熟,全部入土化蛹越冬。

成虫交配和产卵多在夜间进行,交配后2~3天开始产卵,卵散产于番茄的嫩梢、嫩叶、茎上,每头雌虫产卵100~200粒,产卵期7~13天。卵发育历期因温度不同而不同,15℃时6~14天,20℃时5~9天,25℃时4天,30℃时2天。初孵幼虫仅能将嫩叶尖及小蕾啃食成凹点,2~3龄时吐丝下垂,蛀害蕾、花、果,1头幼虫可危害3~5个果。幼虫具假死和自残性。幼虫有6龄,发育历期20℃时25天,25℃时22天,30℃时17天。老熟幼虫入土3~9

厘米深筑土室化蛹,蛹发育历期 20℃时 28 天,25℃时 18 天,28℃时 13.6 天,30℃时 9.6 天。

棉铃虫属喜温喜湿性害虫。初夏气温稳定在 20℃和 5 厘米地温稳定在 23℃以上时,越冬蛹开始羽化。成虫产卵适温 23℃以上,20℃以下很少产卵。幼虫发育以 25℃~28℃和相对湿度 75%~90%最为适宜。在北方以湿度对幼虫发育的影响更显著,当月降水量在 100 毫米以上,相对湿度 60%以上时,危害较重;当降水量在 200 毫米、相对湿度 70%以上,则危害严重。但雨水过多,土壤板结,不利于幼虫入土化蛹并会提高蛹的死亡率。此外,暴雨可冲刷棉铃虫卵,亦有抑制作用。成虫需取食蜜源植物作为补充营养,第一代成虫发生期与露地番茄、瓜类等作物花期相遇,加之气温适宜,因此,产卵量大增,使第二代棉铃虫成为危害最严重的世代。

【防治方法】

1. 农业措施 冬前翻耕土地,浇水淹地,减少越冬虫源。根据虫情测报,在棉铃虫产卵盛期,结合整枝,摘除虫卵烧毁。

2. 生物防治 成虫产卵高峰后 3~4 天,喷洒 Bt 乳剂、HD-l 苏芸金杆菌或核型多角体病毒,使幼虫感病而死亡,连续喷 2 次,防效最佳。

3. 物理防治 用黑光灯、杨柳枝诱杀成虫。

4. 药剂防治 当百株卵量达 20~30 粒时即应开始用药,如百株幼虫超过 5 头,应继续用药。一般在番茄第一穗果长到鸡蛋大时开始用药,每周 1 次,连续防治 3~4 次。可用 2.5%功夫乳油 5 000 倍液,或 10%菊马乳油 1 500 倍液,或 20%多灭威 2 000~2 500 倍液,或 4.5%高效氯氰菊酯 3 000~3 500 倍液,或 40%菊杀乳油 3 000 倍液(不仅杀幼虫并且具有杀卵的效果),或 5%定虫隆(又名抑太保、IK17899、克福隆、氟啶脲)乳油 1 500 倍液,或 5%氟虫脲(又名卡死克)乳油 2 000 倍液,或 5%伏虫隆(又名农梦特、MK139、得福隆、四氟脲、氟苯脲)乳油 4 000 倍液,5%氟铃脲(又名盖虫散、六伏隆、XPD-473)乳油 2 000 倍液,或 20%除虫脲(又

名灭幼脲 1 号、二福隆、伏虫脲、敌灭灵)胶悬剂 500 倍液,或 50%
辛硫磷乳油 1 000 倍液,或 20%多灭威 2 000～2 500 倍液,或 20%
速灭杀乳油 2 000 倍液,或 50%杀螟松乳油 1 000 倍液,或 50%巴
丹可湿性粉剂 1 000 倍液,或 5%氟虫腈(锐劲特、威灭)悬乳剂
2 000 倍液,或 50%丁醚脲(又名宝路、pegasus、杀螨隆、汰芬隆)
可湿性粉剂 2 000 倍液,或 20%抑食肼(又名虫死净、RH-5849)可
湿性粉剂 800 倍液,或 10%醚菊酯(多来宝)悬乳剂 700 倍液,
10%溴氟菊酯乳油 1 000 倍液,或 20%溴灭菊酯(溴敌虫菊酯、溴
氰戊菊酯)乳油 3 000 倍液,或 40%菊杀乳油 2 000 倍液,或 40%
菊马乳油 2 000 倍液,或 2.5%溴氰菊酯 2 000 倍液,或 20%氰戊
菊酯 2 000 倍液喷雾。用苜蓿素杀虫剂 500 倍液也有较好防效。不
常使用敌百虫的地区,可用 90%晶体敌百虫 1 000 倍液喷雾。此
外,陕西蒲城县生产的杀铃冠也有很好的防治效果。3 龄后幼虫蛀
入果内,喷药无效,此时可用泥封堵蛀孔。

温室白粉虱

【发生规律】 此虫是由我国东部扩展到华北、西北等地的。在
温室条件下 1 年可发生 10 余代,以各虫态在温室越冬并继续危
害。成虫羽化后 1～3 天可交配产卵,平均每头雌虫可产卵 142 粒
左右。也可进行孤雌生殖,其后代为雄性。成虫喜欢黄瓜、茄子、番
茄、菜豆等蔬菜,群居于嫩叶叶背和产卵,在寄主植物打顶以前,成
虫总是随着植株的生长不断追逐顶部嫩叶,因此,在作物上自上而
下白粉虱的分布为:新产的绿卵、变黑的卵、幼龄若虫、老龄若虫、
伪蛹。新羽化成虫产的卵以卵柄从气孔插入叶片组织中,与寄主植
物保持水分平衡,极不易脱落。若虫孵化后 3 天内在叶背可做短距
离游走,当口器插入叶组织后就失去了爬行的机能,开始营固着生
活。白粉虱从卵到成虫羽化发育历期,18℃时 31 天,24℃时 24 天,
27℃时 22 天。各虫态发育历期,在 24℃时卵期 7 天,1 龄 5 天,2

龄 2 天, 3 龄 3 天, 伪蛹 8 天。白粉虱繁殖的适温 18℃～21℃, 温室条件下约 1 个月完成 1 代。

温室白粉虱在我国北方冬季野外条件下不能存活, 通常要在温室作物上继续繁殖危害, 无滞育或休眠现象。翌年通过菜苗定植移栽时转入大棚或露地, 或乘温室开窗通风时迁飞至露地。因此, 白粉虱在发生地区的蔓延, 人为因素起着重要作用。白粉虱的种群数量, 由春至秋持续发展, 夏季的高温多雨抑制作用不明显, 到秋季数量达高峰, 集中危害瓜类、豆类和茄果类蔬菜。在北方由于温室和露地蔬菜生产紧密衔接和相互交替, 可使白粉虱周年发生。

【防治方法】 对白粉虱的防治应以农业防治为基础, 加强栽培管理, 培育无虫苗为主要措施, 合理使用化学农药, 积极开展生物防治和物理防治。

1. 农业措施 提倡温室第一茬种植白粉虱不喜食的芹菜、蒜黄等较耐低温的蔬菜, 而减少番茄的种植面积, 这样不仅不利于白粉虱的发生, 还能大大节省能源。育苗前彻底熏杀残余的白粉虱, 清理杂草和残株, 以及在通风口增设尼龙纱等, 控制外来虫源, 培育出无虫苗。避免黄瓜、番茄、菜豆混栽, 以免为白粉虱创造良好的生活环境, 加重危害。

2. 药剂防治 在温室白粉虱发生较重的保护地, 可用 2.5% 溴氰菊酯乳油 2 000～3 000 倍液, 或 10% 扑虱灵乳油 1 000 倍液, 或 25% 灭螨猛乳油 1 000 倍液, 或毙螨灵 1 500～2 000 倍液, 或 2.4% 威力特微乳剂 1 500～2 000 倍液, 或斑潜皇 2 000～2 500 倍液, 或 10% 蚜虱净可湿性粉剂 4 000～5 000 倍液, 或 2.5% 菜蝇杀乳油 1 500～2 000 倍液, 或 15% 哒螨灵乳油 2 500～3 500 倍液, 或 20% 多灭威 2 000～2 500 倍液, 或 4.5% 高效氯氰菊酯 3 000～3 500 倍液等药剂喷雾防治。在保护地内选用 1% 溴氰菊酯烟剂或 2.5% 杀灭菊酯烟剂, 用背负式机动发烟器施放烟剂, 效果也很好。

3. 生物防治 可人工繁殖释放丽蚜小峰, 当温室番茄上白粉虱成虫在 0.5 头/株以下时, 按 15 头/株的量释放丽蚜小蜂成蜂,每隔 2 周 1 次,共 3 次,寄生蜂可在温室内建立种群并能有效地控制白粉虱危害。

4. 物理防治 黄色对白粉虱成虫有强烈诱集作用,在温室内设置黄板(1 米×0.17 米纤维板或硬纸板,涂成黄色,再涂上一层粘油,每 667 平方米 32～34 块)诱杀成虫效果显著。黄板设置于行间与植株高度相平,粘油(一般使用 10 号机油加少许黄油调匀)7～10 天重涂 1 次,要防止油滴在作物上造成烧伤。本方法作为综合防治措施之一,可与释放丽蚜小蜂等协调运用。

二十八星瓢虫

【发生规律】 我国甘肃、四川以东,浙江、江苏以北均有发生。该虫在华北 1 年发生 2 代,江南地区 4 代,以成虫群集越冬。一般于 5 月份开始活动,危害马铃薯或苗床中的茄子、番茄、青椒等蔬菜。6 月上中旬为产卵盛期,6 月下旬至 7 月上旬为第一代幼虫危害期,7 月中下旬为化蛹盛期,7 月底 8 月初为第一代成虫羽化盛期,8 月中旬为第二代幼虫危害盛期,8 月下旬开始化蛹,羽化的成虫自 9 月中旬开始寻求越冬场所,10 月上旬开始越冬。成虫以上午 10 时至下午 4 时最为活跃,午前多在叶背取食,下午 4 时后转向叶面取食。成虫、幼虫都有残食同种卵的习性。成虫假死性强,并可分泌黄色粘液。卵产于苗基部叶背,20～30 粒靠近在一起。越冬代每头雌虫可产卵 400 粒左右,第一代每头雌虫可产卵 240 粒左右。第一代卵期约 6 天,第二代约 5 天。幼虫夜间孵化,共 4 龄,2 龄后分散危害。第一代幼虫历期约 23 天,第二代约 15 天。幼虫老熟后多在植株基部茎上或叶背化蛹,第一代的蛹期约 5 天,第二代约 7 天。温度 25℃～30℃、相对湿度 75%～85% 的条件下最适宜各虫态生长发育。

【防治方法】

1. 人工捕提杀成虫 利用成虫假死习性,用盆承接,拍打植株使之坠落。消灭植株残体、杂草等处的越冬虫源，人工摘除卵块，此虫产卵集中成群，颜色鲜艳，极易发现。

2. 药剂防治 要在幼虫分散前施药，可用90％晶体敌百虫1 000倍液，或50％杀虫环（又名易卫杀、类巴丹、甲硫环、虫噻烷）可溶性粉剂1 000倍液，或20％甲氰菊酯（又名Mtothrin、芬普宁、灭虫螨、杀螨菊酯、农螨丹）乳油1 200倍液，或10％乙氰菊酯（又名赛乐收、杀螟菊酯、稻虫菊酯）乳油2 000倍液，或2.5％溴氰菊酯乳油3 000倍液，或2.5％功夫乳油4 000倍液，或40％菊杀乳油3 000倍液，或40％菊马乳油2 000～3 000倍液，或40.7％毒死蜱（又名氯吡硫磷、白蚁清、氯蜱硫磷、杀死虫、泰乐凯）乳油800倍液，或25％亚胺硫磷（又名R-1504、PMP）乳油500倍液，或35％伏杀硫磷（又名佐罗纳、伏杀磷、Embacide、Zolone、ENT 27163）乳油800倍液，或20％丙溴磷（多虫清、多虫磷、菜乐康、布飞松）乳油500倍液，或75％硫双威（又名拉维因、硫双灭多威、硫敌克、双灭多威）可湿性粉剂1 000倍液，或30％多噻烷乳油500倍液，或50％杀虫磺（又名Bancol、TI-78、苯硫杀虫酯、免速达）可湿性粉剂500倍液，或5％顺式氰戊菊酯（又名来福灵、高效杀灭菊酯、强力农、益化利、双爱士、强福灵、霹杀高、白蚁灵）乳油1 500倍液，或5.7％氟氯氰菊酯（又名百树菊酯、百树得）乳油2 500倍液，或2.5％贝塔氟氯氰菊酯（又名保得）乳油2 000倍液，或10％联苯菊酯（又名天王星、虫螨灵、毕芬宁、氟氯菊酯、护赛宁）乳油2 000倍液，或5％定虫隆（又名抑太保、克福隆、氟定脲）乳油1 500倍液，或40％菊杀乳油2 000倍液，或40％菊马乳油2 000～3 000倍液，或4.5％高效氯氰菊酯3 000～3 500倍液，或2.5 ％功夫乳油3 000～4 000倍液等药剂喷雾，隔7～10天喷1次，共喷2～3次。

地老虎

【发生规律】 小地老虎在北方1年发生4代。越冬代成虫盛发期在3月上旬。有显著的1代多发现象。成虫对黑光灯和酸甜味物质趋性较强,喜产卵于高度3厘米以下的幼苗或刺儿菜等杂草上或地面土块上。4月中、下旬为2～3龄幼虫盛期,5月上、中旬为5～6龄幼虫盛期。以3龄以后的幼虫危害严重。

幼虫有假死性,遇惊扰则缩成环状。小地老虎无滞育现象,条件适合可连续繁殖危害。北京地区以第五代幼虫危害最重,其他各代较轻。黄地老虎的生活习性与小地老虎相近,主要的区别是黄地老虎多产卵于作物的根茬和草梗上,常是串状排列。幼虫危害盛期比小地老虎迟1个月左右,管理粗放、杂草多的地块受害严重。而大地老虎1年发生1代。常与小地老虎混合发生,春季田间温度接近8℃～10℃时幼虫开始活动取食,田间温度达20.5℃时,老熟幼虫开始滞育越夏,越夏期长达3个月之久。秋季羽化为成虫。

【防治方法】

1. 物理防治 利用糖醋液和黑光灯诱杀成虫,利用泡桐叶诱杀幼虫。

2. 毒饵诱杀幼虫 将5千克饵料炒香,与90%敌百虫150克加水拌匀而成,每667平方米1.5～2.5千克撒施。

3. 药物防治 用20%杀灭菊酯2 000倍液等药剂喷雾防治3龄前幼虫,或用25%亚胺硫磷(又名R-1504、PMP)乳油250倍液灌根。

沟金针虫

【发生规律】 沟金针虫3年完成1代。幼虫期长,老熟幼虫于8月下旬在16～20厘米深的土层内作土室化蛹,蛹期12～20天,成虫羽化后在原蛹室越冬。翌年春天开始活动,4~5月份为活动盛期。成虫在夜晚活动、交配,产卵于3~7厘米深的土层中,卵期35天。成虫具假死性。幼虫于3月下旬10厘米地温5.7℃~6.7℃时开始活动,4月份为危害盛期。夏季温度高,沟金针虫垂直向土壤深层移动,秋季又重新上升危害。

【防治方法】

1. 农业措施 深翻土地,破坏沟金针虫的生活环境。在沟金针虫危害盛期多浇水可使其下移,减轻危害。

2. 药剂防治 播种或定植时每667平方米用5%辛硫磷颗粒剂1.5~2千克拌细干土100千克撒施在播种(定植)沟(穴)中,然后播种或定植。也可用50%辛硫磷乳油800倍液灌根防治。

蛴 螬

【发生规律】 在北方多为2年1代,以幼虫和成虫在55~150厘米无冻土层中越冬。卵期一般10余天,幼虫期约350天,蛹期约20天,成虫期近1年。5月中旬至6月中旬为越冬成虫出土盛期,晚上8~9时为成虫取食、交配活动盛期。卵多散产在寄主根际周围松软潮湿的土壤内,以水浇地居多,每次可产卵百粒左右。当年孵出的幼虫在立秋时进入3龄盛期,土温适宜时,造成严重危害。秋末冬初土温下降后即停止危害,下移越冬,并在翌年4月中旬形成春季危害高峰,夏季高温时则下移筑土室化蛹,羽化的成虫大多在原地越冬。成虫有假死性、趋光性和喜湿性,并对未腐熟的厩肥有较强的趋性。

【防治方法】

1. 农业措施 合理安排茬口,前茬为大豆、花生、薯类、玉米或与之套作的菜田,蛴螬发生较重,适当调整茬口可明显减轻危害。合理施肥,施用的农家肥应充分腐熟,以免将幼虫和卵带入菜田,并能促进作物健壮生长,增强耐害力,同时蛴螬喜食腐熟的农家肥,可减轻其对蔬菜的危害。施用碳酸氢铵、腐殖酸铵、氨水、氨化磷酸钙等化肥,所散发的氨气对蛴螬等地下害虫具有驱避作用。适时秋耕,可将部分成、幼虫翻至地表,使其风干、冻死或被天敌捕食、机械杀伤。

2. 灯光诱杀 在成虫盛发期,每3公顷菜田设40瓦黑光灯1盏,距地面30厘米,灯下挖坑(直径约1米)、铺膜做成临时性水盆,加满水后再加微量煤油漂浮封闭水面。傍晚开灯诱集,清晨捞出死虫并捕杀未落入水中的活虫。

3. 人工捕杀 施农家肥前应筛出其中的蛴螬,定植后发现菜苗被害可挖出土中的幼虫,利用成虫的假死性,在其停落的作物上捕捉或振落捕杀。

4. 药剂防治 用50%辛硫磷乳油拌种,辛硫磷、水、种子的比例为1∶50∶600,具体操作是将药液均匀喷洒到放在塑料薄膜上的种子上,边喷边拌,拌后闷种3~4小时,其间翻动1~2次,种子干后即可播种,持效期为20余天。或每667平方米用80%敌百虫可溶性粉剂100~150克,对少量水稀释后拌细土15~20千克,制成毒土,均匀撒在播种沟(穴)内,覆1层细土后播种。在蛴螬发生较重的地块,用80%敌百虫可溶性粉剂和25%西维因可湿性粉剂各800倍液灌根,每株灌150~250毫升,可杀死根际附近的幼虫。

细胸金针虫

【发生规律】 主要以幼虫在土壤中越冬,可入土达40厘米深。翌春上升到表土层危害,6月份可见成虫,产卵于土中。幼虫极为活跃,在土中钻动很快,好趋集于刚腐烂的禾本科草上。

【防治方法】 参见蛴螬防治方法。

蝼 蛄

【发生规律】 华北蝼蛄约 3 年 1 代,卵期 17 天左右,若虫期
730 天左右,成虫期近 1 年。以成虫、若虫在 67 厘米以下的无冻土
层中越冬,每窝 1 只。越冬成虫在翌年 3～4 月开始活动。5 月上旬
至 6 月中旬,当平均气温和 20 厘米土温为 15℃～20℃时进入危
害盛期,并开始交配产卵。产卵期约 1 个月,平均每头雌虫产卵
288～368 粒。卵产在 10～25 厘米深预先筑好的卵室内,其场所多
在轻盐碱地或渠边、路旁、田埂附近。6 月下旬至 8 月下旬天气炎
热,则潜入土中越夏,9～10 月份再次上升至地表,形成第二次危
害高峰。

非洲蝼蛄在大部分地区 1 年 1 代,东北与西北两年 1 代。其活
动危害规律与华北蝼蛄相似,但交配、产卵及若虫孵化期均提早
20 天,平均每头雌虫产卵 60～100 粒,产卵场所多在潮湿的地方。

两种蝼蛄均昼伏夜出,夜间 9～11 时最活跃,雨后活动更甚。
具趋光性和喜湿性,对香甜物质如炒香的豆饼、麦麸以及马粪等农
家肥有强烈趋性。

【防治方法】

1. **农业措施** 有条件的地区实行水旱轮作,要精耕细作、深
耕多耙、不施未经腐熟的农家肥等,造成不利于地下害虫的生存条
件,减轻蝼蛄危害。

2. **马粪和灯光诱杀** 可在田间挖 30 厘米见方、深约 20 厘米
的坑,内堆湿润马粪,表面盖草,每天清晨捕杀蝼蛄。

3. **毒饵诱杀** 将豆饼或麦麸 5 千克炒香,或秕谷 5 千克煮熟
晾至半干,再用 90% 晶体敌百虫 150 克加水将毒饵拌潮,每 667
平方米用毒饵 1.5～2.5 千克,撒在地里或苗床上,诱杀蝼蛄。

4. **药剂防治** 每 667 平方米用 50% 辛硫磷 1～1.5 千克,掺
干细土 15～30 千克充分拌匀,撒于菜田中或开沟施入土壤中。或

用25％亚胺硫磷乳油250倍液灌根。

网目拟地甲

【发生规律】 华北地区每年发生1代,以成虫在土层内、土缝、洞穴内越冬。翌年3月下旬成虫大量出土危害。具有假死性。成虫只能爬行,寿命较长,最长可达4年。虫害一般发生在较干旱或较粘重的土壤中。

【防治方法】
1. 农业措施 提早播种或定植,错开网目拟地甲发生期。
2. 药剂防治 可采用爱卡士5％颗粒剂拌种,或用25％喹硫磷乳油1000倍液喷洒或灌根。

白雪灯蛾

【发生规律】 在北方1年约发生1代。7月上旬至8月下旬为成虫发生期,7月下旬为发蛾盛期,7月中旬至9月份为幼虫发生期,主要取食大豆叶片,以老熟幼虫越冬。成虫有趋光性。

【防治方法】 利用黑光灯诱杀成虫。用2.5％功夫乳油5000倍液,或10％菊马乳油1500倍液,或20％多灭威2000～2500倍液,或4.5％高效氯氰菊酯3000～3500倍液,或40％菊杀乳油3000倍液喷雾。

黄守瓜

【发生规律】 在我国不同地区1年发生代数不同,南方3～4代,北方1代。均以成虫在草堆里、土块下或石缝里群集越冬。翌年3月下旬至4月份越冬成虫开始活动,先危害杂草和其他蔬菜,待瓜苗长至2～3叶时,集中危害瓜叶。成虫于5月中旬至8月份产卵,雌虫将卵产于寄主根系附近的土中,散产或成堆产。幼虫孵化后,先咬食细根,3龄后可危害主根。幼虫老熟后,在3～10厘米深的土中做土室化蛹。成虫喜阳光,光强时活动旺盛,对声音反映敏感。有群集和假死性。

【防治方法】 瓜苗定植后至4～5片真叶前选用20%速灭杀丁2000倍液,或敌杀死乳油2000～3000倍液,或其他菊酯类农药喷洒防治成虫。幼虫危害严重时,用90%敌百虫晶体1000倍液,或50%辛硫磷乳油1000倍液灌根防治。在瓜秧根部附近覆1层麦壳、草木灰、锯末、谷糠等,可防止成虫产卵,减轻危害。

朱砂叶螨

【发生规律】 在北方1年发生12～15代,长江流域15～18代。以雌成螨群集在土缝、树皮和田边杂草根部越冬,翌年4～5月份迁入菜田危害,集中在叶背面吐丝结网,栖于网内刺吸植物汁液,并在其内产卵。雌成螨能孤雌生殖,每头雌螨产卵百余粒,卵孵化率高达95%以上。成、若螨靠爬行或吐丝下垂近距离扩散,借风和农事操作远距离传播。气温29℃～31℃,相对湿度在35%～55%最有利于叶螨的发生与繁殖。田间杂草多时发生重。捕食性蛾类、草蛉、六点蓟马、小花蝽、小黑瓢虫等对叶螨的发生起一定的抑制作用。

【防治方法】

1. 农业措施 及时铲除田间、地头杂草,减少虫源,蔬菜收获后清除枯枝落叶,并集中烧毁。与十字花科、菊科蔬菜轮作。

2. 药剂防治 保护地栽培时应提早喷药,消灭越冬虫源。噻螨酮(又名尼索朗、除螨威、合赛多、巴噻唑)是一种较好的杀螨剂,每667平方米用5%的噻螨酮乳油60～100毫升或5%的噻螨酮可湿性粉剂60～100克稀释成1500～2000倍液喷雾,效果很好。因噻螨酮无杀成螨作用,因此,在使用时应比其他杀螨剂稍早些,即在朱砂叶螨发生初期使用,如果朱砂叶螨已经严重发生,最好与其他具有杀成螨的杀螨剂或有机磷杀虫剂混用。

双甲脒(又名螨克、二甲脒、双虫脒、阿米拉兹、双二甲脒、三亚螨)是一种低毒广谱杀螨剂,对若螨、幼螨、成螨和螨卵均有效,但对越冬卵无效,对某些害虫也有兼治作用。药效和杀螨速度受温度影响较大,一般在气温25℃以下时药效发挥较慢,药效较低;高温晴天时施药药效高,杀螨速度快,药效持续时间长,一般可达1个月以上,常规浓度下对天敌、作物无害。一般用20%双甲脒乳油喷雾。

炔螨特(又名丙炔螨特、炔螨、奥美特、克螨特、螨除净)属低毒有机磷杀螨剂,具触杀和胃毒作用,无渗透、内吸作用。对若螨、成螨效果好,杀卵效果差。药效受温度影响大,20℃以上气温可提高药效,但在高温和高浓度下对蔬菜幼苗易产生药害。使用方法是每667平方米用73%炔螨特乳油30～50毫升加水75～100升稀释成2 000～3 000倍液喷雾,为避免药害,高度低于25厘米的幼苗稀释倍数不能低于3 000倍。

此外,还可用35%杀螨特乳油1 200倍液,或20%复方浏阳霉素1 000倍液,或25%灭螨猛可湿性粉剂1 000倍液喷雾,隔7～10天喷1次药。重点喷植株中上部叶片、幼嫩部位和果实等。温室、大棚可用溴甲烷熏蒸。

金盾版图书,科学实用,
通俗易懂,物美价廉,欢迎选购

食用菌周年生产技术(修
　订版)　　　　　　10.00 元
食用菌制种技术　　　8.00 元
高温食用菌栽培技术　8.00 元
食用菌实用加工技术　6.50 元
食用菌栽培与加工(第
　二版)　　　　　　8.00 元
食用菌丰产增收疑难问
　题解答　　　　　　9.00 元
食用菌设施生产技术
　100 题　　　　　　8.00 元
食用菌周年生产致富
　——河北唐县　　　7.00 元
怎样提高蘑菇种植效益　9.00 元
蘑菇标准化生产技术　10.00 元
怎样提高香菇种植效益　12.00 元
灵芝与猴头菇高产栽培
　技术　　　　　　　5.00 元
金针菇高产栽培技术　3.20 元
平菇标准化生产技术　7.00 元
平菇高产栽培技术(修
　订版)　　　　　　7.50 元
草菇高产栽培技术　　3.00 元
草菇袋栽新技术　　　9.00 元
香菇速生高产栽培新技
　术(第二次修订版)　13.00 元
中国香菇栽培新技术　9.00 元

香菇标准化生产技术　7.00 元
榆耳栽培技术　　　　7.00 元
花菇高产优质栽培及贮
　藏加工　　　　　　6.50 元
竹荪平菇金针菇猴头菌
　栽培技术问答(修订版)　7.50 元
怎样提高茶薪菇种植效
　益　　　　　　　　10.00 元
珍稀食用菌高产栽培　4.00 元
珍稀菇菌栽培与加工　20.00 元
草生菇栽培技术　　　6.50 元
茶树菇栽培技术　　　10.00 元
白色双孢蘑菇栽培技术　6.50 元
白灵菇人工栽培与加工　6.00 元
白灵菇标准化生产技术　5.50 元
杏鲍菇栽培与加工　　6.00 元
鸡腿菇高产栽培技术　9.00 元
姬松茸栽培技术　　　6.50 元
金针菇标准化生产技术　7.00 元
金福菇栽培技术　　　5.50 元
金耳人工栽培技术　　8.00 元
黑木耳与银耳代料栽培
　速生高产新技术　　5.50 元
黑木耳与毛木耳高产栽
　培技术　　　　　　5.00 元
中国黑木耳银耳代料栽
　培与加工　　　　　17.00 元

黑木耳代料栽培致富
　　——黑龙江省林口
　　县林口镇　　　　　10.00元
致富一乡的双孢蘑菇
　　产业——福建省龙
　　海市角美镇　　　　7.00元
黑木耳标准化生产技术　7.00元
食用菌病虫害防治　　　6.00元
食用菌科学栽培指南　　26.00元
食用菌栽培手册(修订
　　版)　　　　　　　19.50元
食用菌高效栽培教材　　5.00元
鸡腿蘑标准化生产技术　8.00元
图说鸡腿蘑高效栽培关
　　键技术　　　　　　10.50元
图说毛木耳高效栽培关
　　键技术　　　　　　10.50元
图说黑木耳高效栽培关
　　键技术　　　　　　16.00元
图说金针菇高效栽培关
　　键技术　　　　　　8.50元
图说食用菌制种关键技
　　术　　　　　　　　9.00元
图说灵芝高效栽培关键
　　技术　　　　　　　10.50元
图说香菇花菇高效栽培
　　关键技术　　　　　10.00元
图说双孢蘑菇高效栽培
　　关键技术　　　　　12.00元
图说平菇高效栽培关键
　　技术　　　　　　　15.00元
图说滑菇高效栽培关键

技术　　　　　　　　10.00元
滑菇标准化生产技术　　6.00元
新编食用菌病虫害防治
　　技术　　　　　　　5.50元
15种名贵药用真菌栽培
　　实用技术　　　　　6.00元
地下害虫防治　　　　　6.50元
怎样种好菜园(新编北
　　方本修订版)　　　19.00元
怎样种好菜园(南方本
　　第二次修订版)　　8.50元
菜田农药安全合理使用
　　150题　　　　　　7.00元
露地蔬菜高效栽培模式　9.00元
图说蔬菜嫁接育苗技术　14.00元
蔬菜贮运工培训教材　　8.00元
蔬菜生产手册　　　　　11.50元
蔬菜栽培实用技术　　　25.00元
蔬菜生产实用新技术　　17.00元
蔬菜嫁接栽培实用技术　10.00元
蔬菜无土栽培技术
　　操作规程　　　　　6.00元
蔬菜调控与保鲜实用
　　技术　　　　　　　18.50元
蔬菜科学施肥　　　　　9.00元
蔬菜配方施肥120题　　6.50元
蔬菜施肥技术问答(修订
　　版)　　　　　　　8.00元
现代蔬菜灌溉技术　　　7.00元
城郊农村如何发展蔬菜
　　业　　　　　　　　6.50元
蔬菜规模化种植致富第

一村——山东省寿光市
三元朱村　　　　　　10.00元
种菜关键技术121题　13.00元
菜田除草新技术　　　7.00元
蔬菜无土栽培新技术
（修订版）　　　　14.00元
无公害蔬菜栽培新技术　9.00元
长江流域冬季蔬菜栽培
技术　　　　　　　10.00元
南方高山蔬菜生产技术　16.00元
夏季绿叶蔬菜栽培技术　4.60元
四季叶菜生产技术160
题　　　　　　　　7.00元
绿叶菜类蔬菜园艺工培
训教材　　　　　　9.00元
绿叶蔬菜保护地栽培　4.50元
绿叶菜周年生产技术　12.00元
绿叶菜类蔬菜病虫害诊
断与防治原色图谱　20.50元
绿叶菜类蔬菜良种引种
指导　　　　　　　10.00元
绿叶菜病虫害及防治原
色图册　　　　　　16.00元
根菜类蔬菜周年生产技
术　　　　　　　　8.00元
绿叶菜类蔬菜制种技术　5.50元
蔬菜高产良种　　　　4.80元
根菜类蔬菜良种引种指
导　　　　　　　　13.00元
新编蔬菜优质高产良种　12.50元
名特优瓜菜新品种及栽
培　　　　　　　　22.00元

稀特菜制种技术　　　5.50元
蔬菜育苗技术　　　　4.00元
豆类蔬菜园艺工培训教
材　　　　　　　　10.00元
瓜类豆类蔬菜良种　　7.00元
瓜类豆类蔬菜施肥技术　6.50元
瓜类蔬菜保护地嫁接栽
培配套技术120题　6.50元
瓜类蔬菜园艺工培训教
材（北方本）　　　10.00元
瓜类蔬菜园艺工培训教
材（南方本）　　　7.00元
菜用豆类栽培　　　　3.80元
食用豆类种植技术　　19.00元
豆类蔬菜良种引种指导　11.00元
豆类蔬菜栽培技术　　9.50元
豆类蔬菜周年生产技术　10.00元
豆类蔬菜病虫害诊断与
防治原色图谱　　　24.00元
日光温室蔬菜根结线虫
防治技术　　　　　4.00元
四棱豆栽培及利用技术　12.00元
菜豆豇豆荷兰豆保护地
栽培　　　　　　　5.00元
图说温室菜豆高效栽培
关键技术　　　　　9.50元
黄花菜扁豆栽培技术　6.50元
番茄辣椒茄子良种　　8.50元
日光温室蔬菜栽培　　8.50元
温室种菜难题解答（修
订版）　　　　　　14.00元
温室种菜技术正误100

书名	价格	书名	价格
题	13.00 元	施与建造	6.00 元
蔬菜地膜覆盖栽培技术（第二次修订版）	6.00 元	保护地设施类型与建造	9.00 元
塑料棚温室种菜新技术（修订版）	29.00 元	两膜一苫拱棚种菜新技术	9.50 元
塑料大棚高产早熟种菜技术	4.50 元	保护地蔬菜病虫害防治	11.50 元
大棚日光温室稀特菜栽培技术	10.00 元	保护地蔬菜生产经营	16.00 元
日常温室蔬菜生理病害防治 200 题	8.00 元	保护地蔬菜高效栽培模式	9.00 元
新编棚室蔬菜病虫害防治	15.50 元	保护地甜瓜种植难题破解 100 法	8.00 元
南方早春大棚蔬菜高效栽培实用技术	10.00 元	保护地冬瓜瓠瓜种植难题破解 100 法	8.00 元
稀特菜保护地栽培	6.00 元	保护地害虫天敌的生产与应用	6.50 元
稀特菜周年生产技术	8.50 元	保护地西葫芦南瓜种植难题破解 100 法	8.00 元
名优蔬菜反季节栽培(修订版)	22.00 元	保护地辣椒种植难题破解 100 法	8.00 元
名优蔬菜四季高效栽培技术	9.00 元	保护地苦瓜丝瓜种植难题破解 100 法	10.00 元
塑料棚温室蔬菜病虫害防治(第二版)	6.00 元	蔬菜害虫生物防治	12.00 元
棚室蔬菜病虫害防治	4.50 元	蔬菜病虫害诊断与防治图解口诀	14.00 元
北方日光温室建造及配套设施	6.50 元	新编蔬菜病虫害防治手册(第二版)	11.00 元
南方蔬菜反季节栽培设		蔬菜优质高产栽培技术120问	6.00 元

以上图书由全国各地新华书店经销。凡向本社邮购图书或音像制品,可通过邮局汇款,在汇单"附言"栏填写所购书目,邮购图书均可享受 9 折优惠。购书 30 元(按打折后实款计算)以上的免收邮挂费,购书不足 30 元的按邮局资费标准收取 3 元挂号费,邮寄费由我社承担。邮购地址:北京市丰台区晓月中路 29 号,邮政编码:100072,联系人:金友,电话:(010)83210681、83210682、83219215、83219217(传真)。